Produção de Açúcar Mascavo, Rapadura, Melado e Cachaça

2ª Edição

FEALQ

FUNDAÇÃO DE ESTUDOS AGRÁRIOS LUIZ DE QUEIROZ

Afrânio Antônio Delgado
André Paulino Delgado

Produção de Açúcar Mascavo, Rapadura, Melado e Cachaça

2ª Edição

Piracicaba-SP
- 2019 -

2ª edição - outubro/2019 - 1.000 exemplares

CAPA, PROJETO GRÁFICO E DIAGRAMAÇÃO | Marco Melo
REVISÃO | Izabel Braghero

Impressão e acabamento:
Gráfica EME

Capivari-SP
(19) 3491-7000
orcamento@editoraeme.com.br

Endereço do Autor
Rua Professora Antônio Sansão Roncato, 100 - Bongue
13403-156 - Piracicaba-SP - Brasil
Telefone: (19) 3427-1726
E-mail: afrânio_delgado@terra.com.br

Catalogação na Fonte do Departamento do Livro

Delgado, Afrânio Antônio
Produção de açúcar mascavo, rapadura, melado e cachaça / Afrânio A. Delgado, André P. Delgado. | 2ª Edição | Piracicaba-SP. A. A. Delgado, 2019.

184 p.

ISBN: 978-85-7133-096-2

1. Açúcar Mascavo. 2. Rapadura. 3. Melado. 4. Cachaça. 5. Indústria Sucroalcooleira.
I. Delgado, André P.
II. TÍTULO

CDD 664.122
D352p2

DEDICATÓRIA

ESTE LIVRO É dedicado à comunidade rural brasileira, especialmente aos que tiram de pequenas áreas de terra o sustento para suas famílias, como também aos sitiantes dos diversos municípios brasileiros

AGRADECIMENTOS

OS AUTORES SÃO gratos à colaboração de:

- Dr. Roberto Resende. Consultor do Sebrae, Ceará (em memória)
- Dr. Tadeu Alcides Marques
- Luiz Carlos Rodrigues. Esalq
- Dr. João Carlos Fernandes Franco. Febraps
- Maurício Rodrigues
- Sônia Santos. Febraps
- Servidores da Biblioteca Central. Esalq USP
- Professora Ivete Luiza Paulino Delgado, esposa e mãe dos autores, proprietária da Chácara Santo Antônio, Piracicaba-SP, onde se iniciou as operações inerentes a este livro.

PREFÁCIO

A PUBLICAÇÃO DA primeira edição deste livro, em 1999, foi feita em decorrência da quase inexistência de literatura e informações sobre a fabricação de açúcar mascavo, de rapadura, de melado e de cachaça no Brasil naquela época.

Os dados que têm sido divulgados em jornais e revistas nestes últimos anos dizem respeito sempre à importância da comercialização desses produtos e de seu valor nutricional, mas quase nada sobre a sua tecnologia de produção.

Nesta nova edição, ampliada e revisada, procurou-se também inserir informações mais atuais sobre a importância das práticas agrícolas para o cultivo da cana-de-açúcar, da qualidade da matéria-prima e das práticas de elaboração desses produtos, desde as mais simples até as mais sofisticadas.

Foi dedicada atenção especial à fabricação de açúcar mascavo batido e de rapadura, assim como de açúcar mascavo cristalizado que era fabricado no início do século. Além dos fluxogramas inerentes à fabricação do açúcar mascavo e da rapadura, é discutido a produção do melado e sua conservação destacando-se, principalmente, para os iniciantes, destas operações, o uso de um "termômetro" para o controle dos pontos de tiragem final da operação, cujos índices estão inseridos neste livro, constando de uma tabela para orientação. As diversas opções em termos de equipamentos praticadas pelos diversos engenhos do Brasil são também apresentadas neste livro. Foram abordados também a composição dos açúcares mascavo batido e cristalizado, do refinado e da rapadura, além das suas qualidades nutricionais e especificações técnicas.

Complementando esses estudos, os autores resolveram acrescentar nesta nova edição (2019) informações, dados operacionais, instalações e demais pontos de interesse sobre a produção de aguardente de cana-de-açúcar, popularmente conhecida como cachaça.

Com mais esta edição revisada e ampliada, os autores esperam continuar despertando entre as comunidades rurais e urbanas do Brasil um maior interesse para a produção e consumo desses preciosos produtos pelos brasileiros.

Piracicaba - São Paulo - Brasil - 2019

Os autores

DADOS DOS AUTORES

AFRÂNIO ANTÔNIO DELGADO

PROFESSOR ASSOCIADO, APOSENTADO do Departamento de Ciência e Tecnologia Agroindustrial, da Escola Superior de Agricultura "Luiz de Queiroz", Universidade de São Paulo, Campus de Piracicaba, SP. Graduou-se no Curso de Engenharia Agronômica da E.S.A "Luiz de Queiroz", em 1964, como Engenheiro Agrônomo com especialização na área de Sacarotecnia. Obteve seu título de Doutor em 1969 e o de Livre Docência em 1975. Em 1978 tornou-se Professor Adjunto, passando posteriormente a Professor Associado.

Participou de vários congressos internacionais e de várias bancas examinadoras de concursos. Publicou entre apostilas e livros, cerca de 42 trabalhos. Publicou, também, 56 trabalhos de natureza técnica e científica e atuou na execução de muitos projetos de usinas de açúcar e destilarias de álcool.

Neste ano, 2019, acaba de publicar o livro *Elementos de Tec-*

nologia e Engenharia da Produção do Açúcar, Álcool e Energia em colaboração com outros 3 autores. Exerce atualmente a função de diretor Industrial da Usina Barralcool S.A., participando como sócio e produtor de cana-de-açúcar junto com mais de quarenta associados e também como consultor em tecnologia de açúcar, álcool, aguardente, açúcar mascavo, rapadura, melado e cachaça.

ANDRÉ PAULINO DELGADO

Engenheiro Agrônomo, diplomado pela Universidade Federal de Lavras em 1994. Realizou, como estudante, vários estágios de treinamento e aperfeiçoamento técnico, em empresas ligadas à agricultura brasileira.

Trabalhou e continua trabalhando como Engenheiro Agrônomo na Fazenda Barreiro Rico, em Barra Bugres-MT, e na Fazenda Vista Alegre, no município de Ponte Alta-TO, nas áreas de produção de cana-de-açúcar e de confinamento de gado de corte.

Participou de vários estudos e projetos técnicos com vista à produção de açúcar e álcool de cana e também de batata. É também consultor e produtor de rapadura, açúcar mascavo, melado e cachaça.

SUMÁRIO

Capítulo 1

INTRODUÇÃO

AS INFORMAÇÕES BIBLIOGRÁFICAS relacionadas à agroindústria açucareira no Brasil dão conta da existência, no início deste século, de aproximadamente 140 usinas de açúcar que praticavam a evaporação do caldo de cana em aparelhos de tríplice-efeito e que produziam o açúcar cristalizado, tipo mascavo, de boa qualidade para a comercialização.

Além dessas usinas, já existiam em todo o nordeste e sudeste do Brasil centenas de pequenos engenhos que produziam também o açúcar mascavo cristalizado ou de forma, o açúcar mascavo, tipo amorfo ou batido e a rapadura para fins de consumo da propriedade e fins comerciais.

Com a criação do Instituto do Açúcar e Álcool em 1933, hoje extinto, é que se iniciou um grande e longo período de desenvolvimento da agroindústria açucareira no Brasil, passando, com o decorrer das décadas, por uma contínua remodelação e modernização. Como resultado desta evolução tecnológica, ocorreu no Brasil o desaparecimento dos milhares de pequenos engenhos de açúcar, desaparecimento este compensado pela instalação de centenas de engenhos de aguardente e de modernas usinas de açúcar, embora reduzidas atualmente a pouco mais de trezentas unidades. A partir de 1970 foram instaladas no Brasil mais de 200 destilarias autônomas de álcool etílico, coordenadas pelo Programa Nacional de Álcool (Proálcool), muitas das quais estão produzindo também açúcar. E nesses últimos anos estão sendo instaladas muitas destilarias de álcool de milho, principalmente no Estado de Mato Grosso.

Os pequenos engenhos de açúcar, tipo mascavo cristalizado, são atualmente em número muito reduzido, sendo encontrados em maior número os que produzem o açúcar mascavo tipo batido ou amorfo. Os engenhos que produzem a rapadura são também em grande número, com certa predominância nos Estados do nordeste brasileiro, além de Minas Gerais, município de Visconde do Rio Branco, Guaxupé; Goiás, município de Palestina e outros; São Paulo, município de Lucélia, Piracicaba e outros; Paraná, município de Jaboti; Tocantins, município de Ponte Alta; Rio de Janeiro e outros.

Em Jaboti, foi fundada a Cooperativa Agropecuária de Produtos Orgânicos da Terra, Cooper Terra, onde estão 14 das 35 microusinas da região que se espera produzir mais de 900 toneladas de açúcar com um rendimento médio de 5 a 5,3 kg/ha de cana colhida. Muitas dessas propriedades produtoras de açúcar mascavo estão certificadas no Instituto Biodinâmico de Desenvolvimento (IBD) em Botucatu-SP e são classificadas como produtoras de produtos orgânicos.

É importante frisar que o brasileiro, com o aparecimento das grandes usinas de açúcar e o desaparecimento dos pequenos engenhos, foi perdendo o hábito de consumir o açúcar mascavo e a rapadura. Contribuíram para este decréscimo de consumo o pouco oferecimento comercial desses produtos e a grande facilidade de se encontrar o açúcar cristal branco e o tipo refinado que, inclusive, são produzidos e comercializados por preços bastante acessíveis ao consumidor.

E, para que este mercado volte a ser conquistado há necessidade de se promover campanhas educativas, com a divulgação de dados que realmente realcem o valor nutritivo do açúcar mascavo, da rapadura e do melado da cana-de-açúcar e que possam ser produzidos dentro de técnicas que conquistem a confiabilidade tanto dos consumidores brasileiros como os do exterior.

Conforme mencionado no prefácio deste livro, revisado e ampliado com as informações técnicas e operacionais sobre a produção de cachaça, os autores, professor Afrânio Antônio Delgado e engenheiro André Paulino Delgado salientam que esses dados advêm também das operações praticadas em uma pequena fábrica instalada no Município de Piracicaba, na Chácara Santo Antônio em 1999 e que está funcionando, desde 2016, numa propriedade rural dos mesmos autores em Ponte Alta do Tocantins, Estado do Tocantins, às margens da Rodovia TO-130, KM 16.

É importante ainda citar que os dados abordados neste livro advêm dos estudos realizados no Departamento de Tecnologia Rural pelo primeiro autor, Prof° Afrânio Antônio Delgado no período de 1965 a 1997, e pelos demais professores do Departamento que, entre eles, destacaram os doutores Fernando Valadares Novais, Jorge Horii, J.P. Stupiello, Marco Antônio A. Cesar e outros que realizaram muitos estudos atinentes à área de aguardente de cana-de-açúcar no tempo que exerceram atividades como docentes da ESALQ. Neste período de trabalho, o setor de destilaria do departamento contava com muitos funcionários, destacando entre eles, o Sr. Alcides Zatarin e o Sr. Pedro Rossini, já falecidos, que não pouparam esforços para a realização das pesquisas realizadas pela área de Tecnologia do Departamento pelos professores da área de açúcar e álcool nas décadas de 1980 a 2010.

Capítulo 2

MATÉRIA-PRIMA

A CANA-DE-AÇÚCAR PERTENCE à família das gramíneas, sendo a espécie mais nobre a conhecida como Saccharum Officinarum.

Com o decorrer dos tempos, a cana-de-açúcar passou por diversos estágios de melhoramento, estando atualmente a sua cultura alicerçada em variedades híbridas, obtidas através de cuidadosos trabalhos de seleção.

As primeiras variedades de cana-de-açúcar no Brasil nas décadas de 40 a 60 foram produzidas pela Estação Experimental de Campos, Estado do Rio de Janeiro, distribuídas aos produtores com a sigla "CB". O Instituto Agronômico de Campinas, também começou neste período a produzir as suas variedades com sigla "IAC".

A partir de 1970, a Copersucar, São Paulo, começou a produzir as variedades de cana para as usinas cooperadas com a sigla "SP". Com a criação do Planalsucar, as variedades "CB" passaram a ser produzidas com a sigla "RB". Além dessas variedades são muito conhecidas no Brasil as produzidas em outros centros açucareiros do mundo: POJ (Proefstation Oost Java), NA (Norte da Argentina), CO (Coimbatore - Índia), CP (Canal Pont-USA) e Estação Experimental de Pernambuco com a sigla IANE.

Segundo Marcos Landell, diretor do Centro de Cana do Instituto Agronômico (IAC), a partir de 2018, nas regiões do Centro Sul do Brasil, as variedades RB têm sido as mais plantadas, destacando-se a RB867515 (73%), a RB666928 (13%) produzida pela Ridesa (Rede Interuniversitária para Desenvolvimento do Setor Sucroenergético). Além dessas, têm sido disponibilizadas variedades produzidas pelo Centro de Tecnologia Canavieira (CTC), como a CTC 4 que está ocupando (2018/19) cerca de 8% dos canaviais da região centro sul. Apesar de crescimento de novas variedades, a variedade SP 75-15, continua sendo a mais plantada na região centro sul do país.

Assim, diante desses comentários, os pequenos engenhos de rapadura, açúcar, do melado e de cachaça, devem sempre procurar plantar e observar bem o desenvolvimento de suas pequenas lavouras de cana, que inclusive, na maioria dos casos, são colhidas a mão e transportadas em pequenas carretas para o engenho. Um contato permanente com as escolas de agronomia existentes no país, escolas de tecnologia, escolas técnicas, casas de lavoura, cooperativas dos proprietários de pequenos engenhos deve ser feito, em busca de informações e dados operacionais.

Para atender a demanda da indústria açucareira e alcooleira do Brasil, as estações experimentais de cana-de-açúcar têm estudado continuamente o seu melhoramento agrícola e tecnológico, pondo à disposição dos produtores sempre novas variedades.

Atualmente, os pequenos engenhos de aguardente, de açúcar mascavo, rapadura e cachaça estão procurando cultivar as variedades mais ricas em sacarose e mais produtivas, buscando mudas nas usinas de açúcar e destilarias de álcool em operação nas diversas regiões do país.

De qualquer forma, para as fábricas de açúcar mascavo, rapadura, melado e de aguardente, a escolha e o manejo da matéria-prima devem merecer cuidados especiais por parte dos produtores.

A experiência brasileira, a sua tradição e a necessidade da aplicação de melhores tecnologias têm indicado as características da matéria-prima que mais favorecem a produção de açúcar mascavo, rapadura e de cachaça.

2.1 CARACTERÍSTICAS DA MATÉRIA-PRIMA

Para a produção de açúcar mascavo e da rapadura, o produtor deve cultivar as variedades de cana-de-açúcar conforme as seguintes características:

a) ser uma variedade de cana-de-açúcar rica em açúcar;
b) ter um bom perfilhamento, após o plantio e cortes sucessivos;
c) ter baixo teor de fibra;
d) ter baixo teor de cinzas ou de elementos minerais;
e) ter baixo teor de substâncias nitrogenadas;
f) ser isenta ou de pouco florescimento;
g) ser resistente às incidências de doenças e pragas;
h) não emitir brotações laterais;

2.2. CONDIÇÕES DE COLHEITA

A matéria-prima, para propiciar um bom rendimento ao fabricante de açúcar mascavo ou de rapadura, deve possuir as características referidas anteriormente, ser industrializada dentro do período de melhor maturação e ser colhida dentro das seguintes condições:

a) cortada e despalhada sem o uso de fogo;
b) bem despontada ou com pouco palmito;
c) industrializada dentro de um período máximo de 48 horas;
d) mantida, após o corte e transporte, em galpões cobertos.

As características e as condições de colheita de conhecimento já de muitos produtores estão intimamente ligadas aos tipos de solo, à topografia, aos tratos culturais, às formas de adubação, à forma de corte etc.

2.3. SOLO E ADUBAÇÃO

Em relação às condições de solo, os arenosos favorecem a maturação da cana-de-açúcar, sendo que os argilosos, os de baixada e úmidos, embora favoreçam os rendimentos agrícolas, produzem uma matéria-prima com menos sacarose ou têm a maturação retardada. Os solos arenosos, comparados com os argilosos permitem sempre obter uma matéria-prima com maiores teores de açúcar. Solos irrigados, argilosos e com muita matéria orgânica tendem a atrasar a maturação e apresentar um teor de açúcar menor do que o apresentado pelos solos arenosos para canas da mesma idade.

Em relação à adubação, alguns consumidores dão preferência aos produtos elaborados nas condições as mais naturais possíveis, a começar pelo cultivo da matéria-prima. Não se admite adubos químicos, herbicidas, fungicidas, inseticidas. São admitidos no cultivo da cana-de-açúcar, entretanto, esterco de gado, torta de filtro das usinas de açúcar, torta de algodão, calcário, fosfatos naturais, esterco de galinha, gesso natural, plantio de leguminosas como adubação verde etc.

É evidente que, em se tratando de solos de baixa fertilidade, sem o uso de adubos químicos, a produção inicial vai ser menor, mas, com o uso de práticas que evitem a erosão, da adubação verde, do plantio em nível, da carpa de plantas invasoras e de outras práticas conservacionistas, pode-se ter bons rendimentos agrícolas e uma matéria-prima que atenda às exigências comerciais.

2.4. CONDIÇÕES CLIMÁTICAS

A cana-de-açúcar vegeta bem em regiões de temperatura média anual de 25°C, em condições de umidade de 70 a 80 % e em regimes pluviométricos superiores a 1000 mm anuais, condições estas ocorrentes em muitos Estados brasileiros. Para se ter uma ideia deste fato, os produtores do Estado do Amazonas de açúcar mascavo (município de Boca do Acre) têm encontrado dificuldades na produção deste açúcar em razão do alto índice pluviométrico e da alta umidade. A ocorrência de chuva o ano todo e a alta umidade, embora favoreçam a vegetação da cana-de-açúcar nesta região, dificultam a maturação. É necessário escolher as regiões em que se tenha períodos secos mais longos, para que se tenha uma cana-de-açúcar com maior teor de sacarose e que, pela ausência de chuva, se possa praticar uma colheita de matéria-prima mais limpa.

É bom frisar que a maturação da cana-de-açúcar ocorre em razão da baixa umidade do solo (ausência de chuvas) e da baixa temperatura (temperaturas médias menores do que 25°). Entretanto, em muitas regiões do Brasil onde se têm condições climáticas não muito favoráveis em relação à temperatura e à umidade de solo se tem conseguido cultivar a cana-de-açúcar e produzir rapadura.

2.5. MATURAÇÃO DA CANA-DE-AÇÚCAR

O tradicional produtor de cana-de-açúcar no Brasil, acostumado a produzir o açúcar mascavo, a rapadura e a aguardente tem seus próprios conhecimentos e normas para o manejo de seu canavial, trabalhando sempre de acordo com o que a estrutura de sua propriedade permite.

Entretanto, o produtor de cana deve levar em consideração que o conhecimento da maturação da cana-de-açúcar e de suas características para a industrialização é muito importante para a obtenção de melhores rendimentos e resultados econômicos.

Essas características estão associadas a muitos fatores destacando-se entre eles a variedade de cana, o tipo de solo, se arenoso ou argiloso, as condições climáticas e o tipo de adubação usado no canavial. Desses fatores, a variedade de cana cultivada deve merecer do produtor de açúcar mascavo e de rapadura atenção especial, devendo-se plantar sempre variedades de crescimento rápido e de boa riqueza em açúcar.

Na avaliação da maturação da cana-de-açúcar, muitos métodos e critérios podem ser empregados, sendo conhecidos os de natureza empírica e os de natureza técnica ou científica. Os de natureza técnica ou científica são inerentes às atividades de instituições de pesquisa, usinas de açúcar ou destilarias de álcool.

Para os pequenos produtores, os critérios baseados na idade da cana e no aspecto têm tido grande importância. O critério da idade do canavial está baseado no período entre o mês do plantio da cana e do mês de sua colheita. No geral, o produtor já sabe que as canas plantadas em março e abril devem ser colhidas depois do mês de maio do próximo ano (canas precoces) e as plantadas em setembro e outubro depois do mês de agosto (canas tardias). Nesses períodos, as canas estão com a idade mínima de 10 a 12 meses.

O aspecto seco, amarelado e folhas caídas nos colmos das canas reforçam a decisão para se começar a safra, embora não se possa ter a garantia que sua matéria-prima tenha um bom teor de açúcar.

Outro fator importante é o período em que se pratica a industrialização, que por via de regra, coincide com os meses de maio, junho, agosto, setembro, outubro, novembro e até o mês de dezembro. São, em geral, meses favoráveis à maturação e industrialização da cana-de-açúcar por serem secos e de baixa precipitação de chuvas.

Entretanto, como orientação, seria muito importante que o produtor industrializasse as suas canas, conhecendo o seu

Brix, o seu teor de Pol ou Sacarose e o seu teor de açúcares redutores. Os valores são os seguintes:

a) Brix do Caldo .... ≥18°
b) Pol (sacarose) .... ≥15 %
c) Açúcares Redutores .... ≤1,0%

Infelizmente, esses dados estão fora do alcance dos pequenos produtores pelas dificuldades inerentes à aquisição de aparelhos e reagentes, a exceção do hidrômetro de Brix. Este pode ser conhecido com facilidade pelo pequeno produtor, dado ao baixo custo do areômetro e do termômetro. Estes instrumentos podem ser encontrados em lojas que negociam utensílios de laboratórios químicos.

O uso do refratômetro de campo e do areômetro de Brix, aparelhos que medem a porcentagem de sólidos solúveis do caldo de um colmo de cana-de-açúcar é útil ao agricultor para se obter bons resultados.

Para verificar se a cana-de-açúcar tem um teor de Brix igual ou maior do que 18°, basta o produtor cortar algumas canas de seu talhão, tirando-as de vários pontos e moê-las. O caldo peneirado é colocado numa proveta de vidro ou feita com tubo plástico ou mesmo de gomo de bambu, recebendo logo a seguir a introdução do areômetro.

A leitura é feita na base de confluência do líquido com a haste do areômetro. A leitura, estando acima de 18° Brix, indica ao produtor que a sua matéria-prima já está em condições de ser industrializada. Essas verificações podem ser iniciadas já no inicio da safra. É evidente que com o passar dos dias esta matéria-prima vai acumulando mais açúcar e, portanto, mais Brix. Este Brix em regiões muito secas pode chegar a 24 ou 25°.

É importante saber que o Brix expressa a porcentagem de sólidos solúveis do caldo de cana-de-açúcar, constituído principalmente de sacarose, glicose, frutose, sais minerais e substâncias nitrogenadas. Constitui, assim, um valor que expressa condição de maturação da cana-de-açúcar, pois engloba mais de 90% de seu açúcar.

Para aqueles que necessitam de um dado mais preciso, a leitura do Brix realizada com densímetro deve ser corrigida em relação à temperatura, usando o fator de correção da Tabela 1. Por exemplo, para uma leitura de 20° e temperatura de 24 ° C, a leitura do Brix terá uma correção de 0,26 e será de 20,26%.

Para fins de produção de açúcar mascavo batido, amorfo ou granulado, do açúcar mascavo granulado, do açúcar mascavo cristalizado e da rapadura, as canas que mais facilitam essas operações devem ser cultivadas preferencialmente de forma mais natural possível e colhidas sem o uso do fogo. Nessas condições, os produtos finais, açúcar mascavo e a rapadura, terão uma melhor aceitação comercial e são conhecidos por produtos ecológicos ou orgânicos. Se a matéria-prima for, além de colhida crua, lavada com água adequadamente, o produto final terá uma qualidade bastante superior. A limpeza da matéria-prima pode ser feita pelo uso de bicos ejetores de água ou esguichos ou ainda lavada nas esteiras condutoras de cana nos casos de engenhos de maior capacidade de produção e moagem.

TABELA 1

CORREÇÕES DE TEMPERATURA PARA AS LEITURAS DO AREÔMETRO DE BRIX AFERIDO A 20ºC.

Temp.	0	5	10	15	20	25	30	35	40	45	50
º C	SUBTRAIR DA % OBSERVADA										
13	0,26	0,29	0,32	0,35	0,38	0,41	0,44	0,46	0,48	0,49	0,51
14	0,24	0,26	0,29	0,31	0,34	0,36	0,38	0,40	0,41	0,42	0,44
15	0,20	0,22	0,24	0,26	0,28	0,30	0,32	0,33	0,34	0,36	0,36
16	0,17	0,18	0,20	0,22	0,23	0,25	0,26	0,27	0,28	0,28	0,29
17	0,13	0,14	0,15	0,16	0,18	0,19	0,20	0,20	0,21	0,21	0,22
18	0,09	0,10	0,11	0,11	0,12	0,13	0,13	0,14	0,14	0,14	0,15
19	0,05	0,05	0,05	0,05	0,06	0,06	0,07	0,07	0,07	0,07	0,08

Temp.	0	5	10	15	20	25	30	35	40	45	50
º C	ADICIONAR À % OBSERVADA										
21	0,04	0,05	0,06	0,06	0,06	0,06	0,07	0,07	0,07	0,07	0,08
22	0,10	0,10	0,11	0,12	0,12	0,13	0,14	014	0,15	0,15	0,16
23	0,16	0,16	0,17	0,17	0,19	0,20	0,21	0,21	0,22	0,23	0,24
24	0,21	0,22	0,23	0,24	0,26	0,27	0,28	0,29	0,30	0,31	0,32
25	0,27	0,28	0,30	0,31	0,32	0,34	0,35	0,36	0,38	0,38	0,39
26	0,33	0,34	0,36	0,37	0,40	0,40	0,42	0,44	0,46	0,47	0,47
27	0,40	0,41	0,42	0,44	0,46	0,48	0,50	0,52	0,54	0,54	0,55
28	0,46	0,47	0,49	0,51	0,54	0,56	0,58	0,60	0,61	0,62	0,63
29	0,54	0,55	0,56	0,59	0,61	0,63	0,66	0,68	0,70	0,70	0,71
30	0,61	0,62	0,63	0,66	0,68	0,71	0,73	0,76	0,78	0,78	0,79
35	0,99	1,01	1,02	1,06	1,10	1,13	1,16	1,18	1,20	1,21	1,22
40	1,42	1,45	1,47	1,51	1,54	1,57	1,62	1,62	1,64	1,65	1,65

Capítulo 3

COMPOSIÇÃO DAS VARIEDADES DE CANA-DE-AÇÚCAR

AS TABELAS 2-1 e 2-2 foram preparadas com dados de trabalhos realizados no Departamento de Ciência e Tecnologia Agroindustrial da Escola Superior de Agricultura "Luiz de Queiroz" (ESALQ), na década de oitenta e dão uma ideia da riqueza dos carboidratos da cana-de-açúcar, dos componentes fibrosos, dos sais minerais e de outros componentes. A maior parte dos açúcares e dos demais sólidos solúveis, importantes do ponto de vista energético e nutricional, vai aparecer no açúcar mascavo e na rapadura.

A composição da cana-de-açúcar é em função de vários fatores, sendo os principais: variedade, idade e sanidade da cana, condições climáticas, incidências de pragas e moléstias, aplicação da fertirrigação com vinhaça, formas de corte e carregamento da matéria-prima, eficiência dos tratos culturais e aplicação de fungicidas e inseticidas.

TABELA 2-1
COMPOSIÇÃO QUÍMICA DE ALGUMAS VARIEDADES DE CANA DE AÇÚCAR

Componentes	Médias	Variações
Unidade	71,20	65,0 - 78,0
Pol	16,00	12,0 - 20,0
Açúcares redutores	0,50	0,2 - 2,5
Fibra	11,00	8,5 - 15,5
Minerais	0,50	0,4 - 0,6
Matérias orgânicas	0,80	0,6 - 1,0

TABELA 2-2
COMPOSIÇÃO QUÍMICA DE ALGUMAS VARIEDADES DE CANA-DE-AÇÚCAR

Componentes	Médias	Variações
Potássio (K_2O)	258,0	132,5 - 373,0
Fósforo (P_2O_5)	26,0	16,5 - 39,0
Cálcio (CaO)	34,5	18,5 - 50,5
Magnésio (MgO)	25,0	16,5 - 39,5
Nitrogênio (N)	72,5	28,5 - 224,0
Ferro (Fe_2O_3)	3,5	2,0 - 9,0
Alumínio (Al_2O_3)	3,0	1,5 - 8,0
Enxofre (SO_3)	105,0	17,0 - 305,0
Cobre (CuO)	0,2	0,1 - 0,3
Sódio (Na)	3,5	0,2 - 10,0
Zinco (Zn)	0,5	0,2 - 0,8
Manganês (Mn)	1,0	0,4 - 1,8
Boro (B)	0,2	0,1 - 0,3
Sílica (SiO_2)	30,0	10,0 - 60,0
Gomas	40,0	20,0 - 60,0
Pectinas	60,0	20,0 - 100,0
Ceras e gorduras	100,0	50,0 - 150,0
Amido	100,0	50,0 - 150,0
Ácidos orgânicos	100,0	50,0 - 150,0

Dados de Delgado & César - 1997
Obs.: *Dados em mg/100 g de colmo*

Capítulo 4

TIPOS DE AÇÚCAR

OS TIPOS DE açúcar, produzidos de forma artesanal pelas pequenas e médias propriedades para fins de consumo próprio ou comercialização, são os seguintes:

a) Açúcar mascavo, tipo granulado ou batido.
b) Açúcar mascavo, tipo cristalizado.

Desses tipos de açúcar, o cristalizado era conhecido por muitos nomes: açúcar purgado, de rama, mascavo, branco, redondo, preto etc. A sua qualidade era a mais variada possível, produzindo-se desde os mais escuros, acompanhado, às vezes, por muito mel, até os mais claros e secos. As canas eram cultivadas nas condições naturais, sendo o solo adubado em muitos engenhos com esterco de gado. Este açúcar de maior pureza e melhor aspecto também era fabricado por algumas usinas de açúcar que já dispunham de equipamentos mais sofisticados, tais como evaporadores em tríplice-efeito, cozedores a vácuo e de turbinas de açúcar. Este tipo de açúcar é muito semelhante na pureza e na cor ao conhecido açúcar demerara ou bruto.

O açúcar demerara é produzido com canas colhidas queimadas, sendo o caldo tratado com cal e muitas vezes com aditivo de clarificação (polifosfatos, polieletrólitos, polímeros orgânicos etc). É importante frisar que a matéria-prima de hoje é cultivada com auxílio de adubos químicos e com a aplicação de herbicidas. Assim, não se pode comparar o açúcar cristalizado produzido antigamente e em condições bem naturais pelos pequenos engenhos com os produzidos atualmente por muitas usinas brasileiras.

A tecnologia da fabricação deste açúcar cristalizado, de origem e características bem naturais, hoje ao alcance dos pequenos produtores, será vista posteriormente.

Entretanto, o açúcar que tem sido motivo de muita procura e interesse por parte dos pequenos produtores, é o mascavo amorfo ou chamado também de açúcar batido e que se apresenta na forma granulada. Este produto tem cor marrom, podendo variar da tonalidade clara à mais escura. Como é feito através de aquecimento à pressão atmosférica (fogo direto ou vapor) pode ocorrer alguma caramelização, escurecendo o produto. A tecnologia de produção deste açúcar é a mesma empregada para a produção da rapadura. A diferença está apenas na temperatura final de concentração. Quando se deseja fazer a rapadura, a temperatura final do processo pode variar de 114 a 120°C; para o açúcar mascavo, esta temperatura não deve ser inferior a 123°C, podendo chegar a 128°C.

Pelas suas qualidades, o açúcar mascavo, tipo granulado ou amorfo, tem despertado muito interesse dos consumidores da Europa, os quais exigem um rígido controle de produção. Assim, na exportação deste açúcar deve ter um certificado de qualidade, que é dado ao produtor brasileiro interessado na sua produção por instituições organizadas que exercem o trabalho de controle e de orientação. Todo este trabalho é feito para se preservar a qualidade natural do produto a ser comercializado.

Capítulo 5

EQUIPAMENTOS USADOS NA PRODUÇÃO DE AÇÚCAR MASCAVO E RAPADURA

OS PROCESSOS DE produção do açúcar de cana são muito antigos, passando nos últimos séculos por constantes aperfeiçoamentos em termos de tecnologia e equipamentos.

Todavia, em relação ao açúcar mascavo e mesmo de rapadura, as técnicas de produção são as mesmas praticadas nos pequenos engenhos de antigamente. A única diferença é que hoje se tem a energia elétrica e mais facilidades em termos de disponibilidade de equipamentos e acessórios.

Os equipamentos e acessórios utilizados na produção de açúcar mascavo e mesmo de rapadura são os relacionados a seguir e que poderão ser instalados conforme as possibilidades de cada produtor. Assim, de forma resumida, têm-se as seguintes opções:

5.1 AÇÚCAR MASCAVO AMORFO OU BATIDO

Instalação simples

- uma moenda, movida a motor elétrico, diesel ou a tração animal;
- um ou mais tachos de cobre, de ferro ou de inox;
- cochos de madeira;
- fornalha de alvenaria para um ou mais tachos;
- acessórios: escumadeira, peneira, enxadas, balanças, baldes etc.

Instalação mais sofisticada

- mesa lateral e guincho de descarga de cana;
- esteira condutora;
- um picador (jogo de facas);
- uma, duas ou mais moendas, movidas a motor elétrico ou a vapor;
- uma caldeira de vapor;
- peneiras de caldo;
- tanque de tratamento de caldo;
- aquecedor tubular;
- evaporador;
- decantador;
- tachos de ferro ou de inox com camisas para aquecimento com vapor;
- batedores de massa;
- elevadores de caneca;
- secador horizontal;
- peneira para açúcar;
- balança;
- acessórios: bombas, escumadeiras, desintegradores etc.

5.2 AÇÚCAR MASCAVO CRISTALIZADO

Instalação simples

- uma moenda;
- um ou mais tachos de cobre ou de ferro;
- fornalhas de alvenaria para um ou mais tachos;
- cochos de madeira ou de ferro;
- formas de madeira para drenagem do mel ou uma centrífuga;
- acessórios: escumadeira, baldes, balança etc.

5.3 RAPADURA

Instalação simples

- uma moenda;
- um ou mais tachos de cobre ou de ferro ou de inox;
- fornalha de alvenaria para um ou mais tachos;
- cochos de madeira ou batedor;
- formas de madeira, de alumínio ou de plástico;
- materiais para embalagem;
- acessórios: conchas, escumadeiras, enxadas, rodos, baldes.

Instalação mais sofisticada

- uma ou mais moendas;
- uma caldeira de vapor;
- um ou mais tachos de ferro, cobre ou inox com aquecimento a vapor;
- cochos de madeira ou batedores mecânicos;
- formas de madeira, alumínio ou plástico;
- acessórios: conchas, escumadeiras, enxadas, rodos, baldes;
- materiais para embalagem.

A instalação desses equipamentos deve ser feita obedecendo sempre critérios que facilitem o fluxo do caldo e o trabalho dos operadores. Os modelos e os tipos de instalação são os mais variados e estão sempre na dependência das condições financeiras do pequeno produtor, do tamanho da propriedade, das áreas destinadas ao plantio de cana e das possibilidades de comercialização dos produtos finais.

As iniciativas para a implantação de uma fábrica de açúcar mascavo ou de rapadura devem ser precedidas de muitas visitas aos produtores existentes e de uma pesquisa de mercado para que os investimentos a serem realizados tenham um retorno economicamente viável.

5.4 MOENDAS E EXTRAÇÃO

As moendas mais encontradas nas pequenas propriedades brasileiras foram fabricadas segundo os modelos tradicionais de mercado. Em geral possuem três cilindros com os seus eixos fabricados em aço carbono e as suas camisas em ferro fundido. Os castelos são construídos em aço carbono, podendo serem fundidos ou construídos em chapa de ferro. Estas moendas geralmente são instaladas em uma base de ferro possuindo ainda bica de caldo, bagaceira e pentes. O acionamento pode ser feito com o uso de engrenagens e motor elétrico (figura 1), ou com utilização de um redutor e também motor elétrico. O motor a diesel também tem sido utilizado. A moenda da figura 1 é um modelo simples e tem sido fabricada por várias empresas, como a BRS Ind. e Com. Ltda. de Guaxupé-MG e também por outras empresas eletromecânicas do país. Esta empresa fabrica também caldeiras e outros equipamentos para pequenas indústrias.

As dimensões das moendas encontradas no mercado se aproximam das medidas da tabela 3, elaboradas para efeito de orientação.

Os frisos dos rolos variam, em termos de passo, de 3 a 10 mm e com um ângulo de 45 a 60°. A extração de pol, porcentagem de sacarose aparente na cana-de-açúcar, varia de 45 a 55%. Dada a não existência de um bom preparo da cana-de-açúcar e com uma só moenda, a perda de pol (sacarose) no bagaço é bastante elevada. Alguns engenhos repassam novamente o bagaço pela moenda, procurando extrair um pouco mais de açúcar. Em termos de caldo, em média se extrai 500 litros para cada 1000 kg de cana-de-açúcar moída. Esta baixa extração deve ser compensada por um melhor preço dos produtos elaborados, seja rapadura ou açúcar mascavo, devendo ser comercializados com boa aparência e qualidade.

Figura 1. Terno de moenda com acionamento elétrico

Figura 2. Moenda de 5 cilindros – tração animal (Barra do Bugres-MT).

Figura 3. Moenda de 5 cilindros – vista geral (Barra do Bugres-MT).

Em algumas propriedades são encontradas moendas de cilindros verticais, movidos por tração animal. O melhor deles é o de 5 cilindros, sendo um central de maior diâmetro e quatro menores nas laterais, conforme mostram as figuras 2 e 3. Esta é um boa opção para os sitiantes de poucos recursos financeiros e desprovidos de energia elétrica. Este engenho funcionou entre 1990 e 2005, quando produzia de 2.000 a 4.000 kg de rapadura pela proprietária Jurema Correia, engenho hoje desativado, no sítio Porto Alegre, em Barra do Bugres-MT.

Em alguns engenhos de rapadura do Estado do Ceará são usadas moendas em que o cilindro superior possui frisos horizontais, justificados com vista a se ter uma melhor apreensão das canas. Alguns produtores de moenda estão instalando desfibradores na sua entrada juntamente com um rolo auxiliar. Espera-se com isso uma maior extração e um bagaço de mais fácil manuseio.

Os dados da tabela 3 são pertinentes para a moagem de canas inteiras, soltas ou em feixes. Nesta tabela estão inseridos dados estimativos para a capacidade de moagem, volume de caldo e dados de extração de caldo.

O cálculo da extração de caldo num terno de moenda pode ser realizado, utilizando-se as seguintes formas e procedimentos.

a) Pb = Pc x fc / Fb

Onde,

Pb = peso de bagaço resultante da moagem
Pc = peso de cana que entra na moenda
fc = fibra de cana
Fb = fibra do bagaço

b) Peso do caldo = peso de cana - peso do bagaço;
c) Caldo absoluto = 100 de cana - fibra % cana;
d) Extração de caldo % de caldo da cana.

Como ilustração segue-se um exemplo:

Dados considerados:

a) Peso de Cana..100 Kg
b) Fibra da Cana.. 12,5%
c) Fibra do bagaço 24%

Dados calculados:

a) Peso de bagaço

$$Pb = 100 \times 12{,}5 \div 24 = 52 \text{ kg}$$

b) Peso de caldo

$$Pc = 100 - 52 = 48 \text{ Kg}$$

c) Peso de caldo absoluto

$$Pca = 100 - 12{,}5 = 87{,}5 \text{ Kg}$$

Extração de caldo % de caldo contido na cana

$$E = 48 \times 100 \div 87{,}5 = 54{,}86\%$$

O valor de 54,86 significa que pela moagem de cana se extraiu 54,86 Kg de caldo da quantidade de caldo existente na cana. A quantidade de caldo existente na cana é em função da fibra. Quanto maior o teor de fibra na cana menor será o seu teor de caldo, líquido este conhecido como caldo absoluto. A fibra, definida como todo material da cana insolúvel em água, varia de 9 a 16%. Em média os valores mais encontrados variam de 11 a 12%. Pela moagem de canas com muita fibra se tem sempre menores valores da extração. O mesmo acontece quando se moi canas ressecados pelo sol.

5.5 INSTALAÇÃO DAS MOENDAS

A instalação das moendas deve merecer cuidados especiais por parte dos fabricantes de açúcar mascavo ou rapadura. As bases devem ser sólidas e estaqueadas com colunas de concreto. O nivelamento deve ser cuidadoso e orientado pelo fornecedor do equipamento. A lubrificação das engrenagens e dos mancais deve ser contínua. Os óleos devem ser os mais densos. Cuidados especiais deverão ser tomados para a proteção das engrenagens e motor. Utilizar grades teladas para proteção.

Tabela 3 – Dimensões das moendas, capacidade de moagem e extração.

Moendas Polegadas	**Capacidade** TCH*	**Volume** Litros / TCH	**Extração** %**
6 x 9"	0,4	200	54,86
9 x 12"	0,7	350	54,86
10 x 14"	0,9	450	54,86
12 x 16"	1,2	600	54,86
14 x 20"	2,5	1.250	54,86
16 x 24"	4,0	2.000	54,86

** TCH – Tonelagem de cana por hora*

*** Extração de caldo % de caldo da cana, considerando-se 12,5% de fibra na cana e 24% no bagaço*

As moendas não bem reguladas podem mostrar valores de extração bem inferiores a 50%, razão dos baixos rendimentos em termos de quilogramas de açúcar mascavo ou rapadura por mil quilogramas de cana-de-açúcar processada.

Capítulo 6

PRODUÇÃO DE AÇÚCAR MASCAVO AMORFO OU AÇÚCAR BATIDO

O AÇÚCAR MASCAVO amorfo é constituído de aglomerados de sacarose, glicose, frutose e demais componentes do caldo que se formam após o resfriamento do xarope de cana altamente concentrado. Não se tem cristais de sacarose definidos, mas grânulos de açúcar de cor marrom-claro, formados por todos os componentes solúveis do caldo de cana. Para a sua boa conservação, a sua umidade deve ser inferior a 1,0% - 1,5%. Entretanto, nos pequenos engenhos, este açúcar mostra uma umidade em torno de 5%.

O açúcar mascavo normalmente é produzido em função do tipo de cana colhida para moagem, numa cor variando do marrom claro ao marrom escuro. Esta coloração é em função também do processo de purificação a ser submetido o caldo e do tempo de permanência deste mesmo caldo no tacho.

De modo geral a produção do açúcar mascavo amorfo segue o seguinte fluxograma de fabricação:

6.1 FLUXOGRAMA DE FABRICAÇÃO DE AÇÚCAR MASCAVO GRANULADO

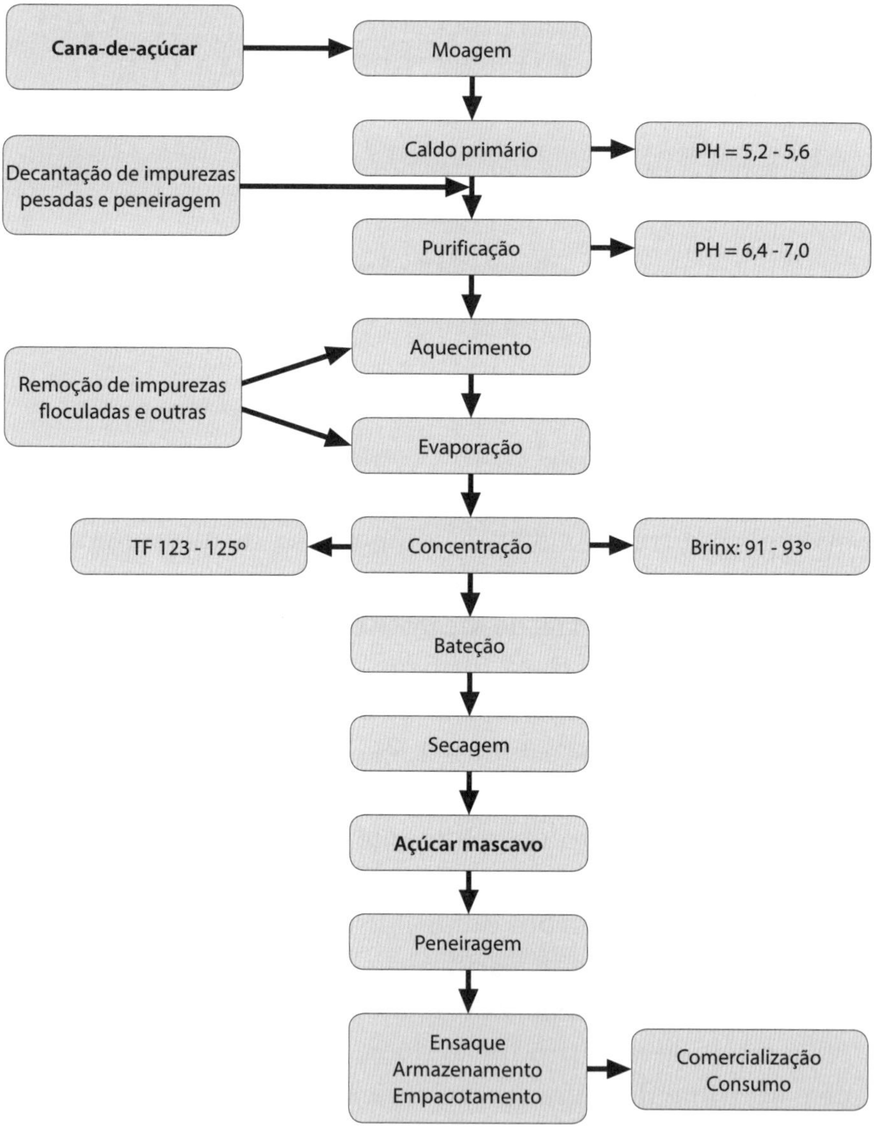

6.2 PROCESSAMENTO PRÁTICO

O processamento do açúcar mascavo granulado envolve as seguintes fases operacionais:

6.2.1 Colheita da matéria-prima

A cana-de-açúcar destinada à produção do açúcar mascavo deve ser cultivada e colhida segundo as especificações definidas no capítulo 2. De acordo com o programa de produção da usina, do engenho ou da propriedade, o produtor deve planejar a colheita de sua matéria-prima. Assim, um programa de corte da cana-de-açúcar para o dia de trabalho deve estar relacionado com as dimensões de sua moenda e de seus tachos. Por exemplo, caso o engenho seja dimensionado para uma moagem de 500 kg de cana por dia, esta quantidade de cana deverá ser cortada diariamente e levada à tarde para o engenho para ser moída no dia seguinte, pela manhã.

Em realidade, o que define a capacidade de produção de açúcar do engenho são os tachos. Estes devem receber um volume de caldo suficiente e próximo de sua capacidade total. Assim, para moagem de 500 kg de cana, o volume de caldo deve variar de 220 a 240 litros e, a do tacho, 250 litros, podendo serem usados dois de 125/150 litros.

O transporte desta cana poderá ser feito por caminhonete, carro de boi ou carreta puxada por trator. Para todos os casos, as canas devem ser cortadas e transportadas para o engenho para serem moídas num tempo de espera de, no máximo, 48 horas.

As canas devem ser enfeixadas, contendo de 6 a 8 colmos ou na quantidade que possa ser absorvida pela moenda, sem os riscos de quebra.

É importante que a moenda seja robusta e apresente boa funcionalidade e resistência.

Para o caso de se utilizar mais de um terno de moenda, com esteira condutora e picador, recomenda-se lavar a matéria-prima, embora seja esta colhida sem queimar. Com o uso de carregadoras mecânicas, alguma terra e outras impurezas são trazidas para o engenho. Com a lavagem, as operações de purificação do caldo vão se tornar mais fáceis, eliminando-se a areia e a terra do processo e que poderiam aparecer no açúcar.

6.2.2 MOAGEM DA MATÉRIA-PRIMA

O caldo de cana, depois de extraído pelas moendas, é conduzido para um ou mais tachos, assentados em uma fornalha de alvenaria (figura 4). Como já foi descrito, a extração considerada como de caldo ou de açúcar em um só terno de moenda é da ordem de 50%. Para o caso de dois ternos de moendas, a extração pode chegar a 60%. Com três ternos e um picador, a extração pode estar em torno de 80%. Nessas condições, o rendimento em açúcar mascavo ensacado é maior, sendo em função, evidentemente, do teor de açúcar na cana. O rendimento em açúcar pode chegar a 105 / 115 kg/tc.

Para que melhor se esclareça, entenda-se por extração de açúcar (Pol ou sacarose) a quantidade de açúcar obtida em relação ao açúcar existente na cana. Assim, se a extração for de 50%, se tem apenas uma retirada de 50% de Pol ou de sacarose existente na cana. E o resto? O resto fica no bagaço. O retorno do bagaço de forma torcida para uma nova moagem deve recuperar um pouco mais de açúcar. É por isso que o rendimento de açúcar ensacado quando se tem três ou quatro ternos é bem superior ao de um só. Para os pequenos proprietários de engenho, a definição de extração em termos de Pol não é usada com frequência. O controle mais usual é em termos de volume de caldo.

Para um terno de moenda, o Brix do caldo obtido pode variar, conforme o estágio de maturação da cana, de 18 a 22°. Para um engenho com dois, três ou quatro ternos, quando se pratica a embebição, se tem caldo misto e o Brix pode variar nestas condições de 14 a 16°. O bagaço nesta última condição pode ser usado diretamente nas caldeiras e para o caso de uma só moenda, o seu uso é mais recomendado após uma secagem ao sol, já que a sua umidade é superior a 60% o que dificultaria a sua combustão.

6.2.3 Fornalhas de alvenaria

O uso de fornalhas para o aquecimento dos tachos com a queima de lenha ou bagaço é muito antigo. Diversos são os modelos de fornalhas de alvenaria construídos pelos produtores. Algumas são de formas arredondadas conforme mostra a figura 4, outras são retangulares, podendo suportar dois ou mais tachos. A chaminé, essencial para a tiragem dos gases, pode ser construída em alvenaria ou ser metálica. Em geral, o diâmetro destas chaminés varia de 30 a 40 cm e sua altura de 5 a 7m.

É essencial se ter um cinzeiro na parte inferior da fornalha para retirada das cinzas, controlada por uma porta metálica. A grelha metálica que separa o cinzeiro da fornalha pode ser feita com pedaços de ferro fundido ou trilho ou de pedaços de ferro chato ou cilíndrico assentados preferencialmente na posição inclinada. Nesta condição, se tem uma entrada maior de ar. É importante também se ter uma distância maior entre a grelha e o fundo do tacho que permitirá uma melhor combustão. Para o caso do uso de bagaço, a grelha pode ser construída na posição horizontal.

As fornalhas são construídas com tijolos de barro, assentados com uma massa de terra peneirada, preparada com um pouco de melaço de usina de açúcar, rapadura dissolvida em água, melado ou caldo de cana. Esses produtos açucarados, dissolvidos em água, misturados com a terra, vão dar uma maior elasticidade à massa e evitar que as paredes da fornalha apresentem rachaduras. O fogo deve ser sempre dirigido para a parte central do tacho, uniformizando o calor para as laterais, evitando a caramelização. O fluxo de ar pelo cinzeiro e pela porta da fornalha deve ser controlado para se ter uma chama uniforme de fogo. O controle da tiragem dos gases pela chaminé é também necessário para se ter um aquecimento uniforme em todos os tachos. Na chaminé deve existir uma fissura para se colocar uma chapa metálica que regula o fluxo de fumaça produzida pela queima de combustível (lenha) regulando-se, assim, melhor aquecimento do tacho

O uso de tijolos refratários e de massa refratária também é indicado para a construção das fornalhas.

O aquecimento inicial de uma fornalha nova deve ser brando e lento, para se evitar rachaduras.

A disponibilidade de uma caldeira a vapor pode dispensar o sistema de fabricação do açúcar mascavo e mesmo da rapadura em fornalhas a fogo. As operações passam a ser feitas em tachos com camisas duplas de ferro ou equipados com serpentinas.

As dimensões de uma fornalha devem estar correlacionadas com as dos tachos.

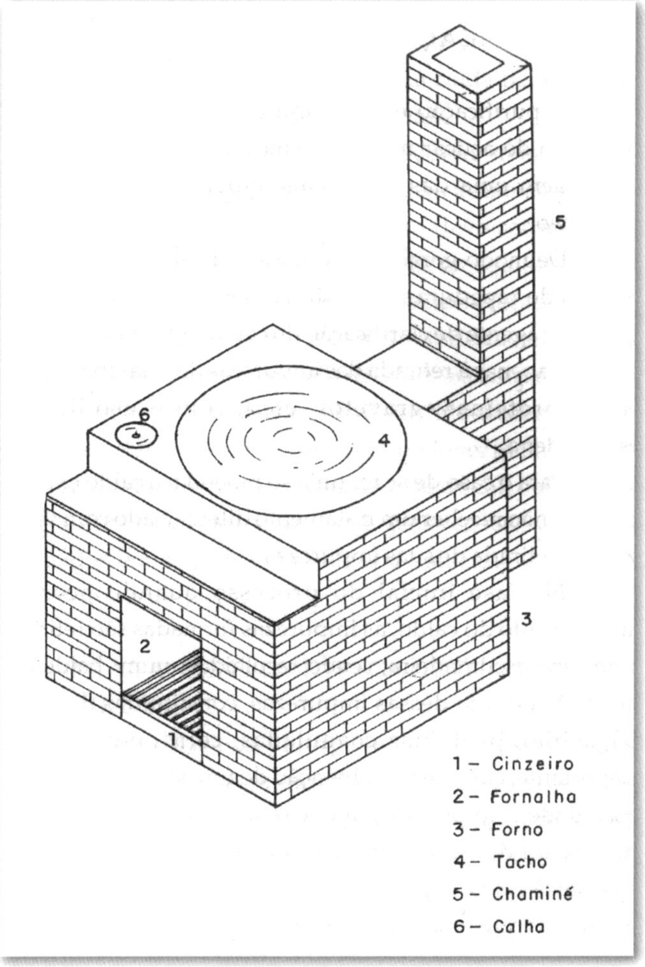

Figura 4. Fornalha simples

6.2.4 Purificação do caldo

A purificação e a limpeza do caldo de cana para a produção do açúcar mascavo e mesmo de outros produtos constituem uma das fases mais importantes do processo produtivo.

De modo geral, os produtores de açúcar mascavo e mesmo de rapadura no Brasil não têm o hábito do uso de qualquer agente de clarificação do caldo. A limpeza do caldo se limita apenas à retirada das impurezas flotadas (bagacinho, ceras, proteínas, gravetos etc.) com o uso de uma escumadeira.

Para o caso de se ter uma só moenda, o caldo extraído pode receber ou não um tratamento diferenciado, com vista à melhor retirada de suas impurezas.

Na fase inicial do processo quando ocorre o aquecimento do caldo, as impurezas formadas são retiradas com uma escumadeira, sendo recolhidas num balde com água. A retirada dessas impurezas, constituídas de folhas, bagacilho, proteínas coaguladas, ceras etc., é muito importante, com vista à obtenção de um açúcar final de boa qualidade. É importante que se retire essas impurezas antes da fervura do caldo para não ocorrer, pela sua ebulição, a dissolução das mesmas. É também usual a retirada das impurezas com uma concha, colocando-as em um balde dotado de uma pequena torneira próxima de sua base. Pela decantação das impurezas, pode se retornar o caldo decantado ao tacho em processamento ou usar esta mesma calda para se fazer aguardente ou na alimentação de animais.

É importante frisar que o açúcar mascavo e a rapadura, conforme se verá adiante, podem ficar mais escuros, pela presença dessas impurezas. Tudo deve ser feito com cuidado e higiene. Para evitar a queda de mosquitos, vespas, abelhas e de outros insetos, a sala de concentração deve ser protegida por telas, exigência esta das autoridades sanitárias. O operador deve retirar continuamente essas impurezas até a fase em que o xarope atinja a condição de alta concentração.

Entretanto, a limpeza do caldo pode ser melhor obtida pelo uso da cal virgem, na forma de leite de cal, pelo uso do ácido fosfórico ou pelo uso de mucilagens vegetais. Os pontos abordados em sequência orientam a aplicação da cal e as opções de sua utilização.

TRATAMENTO DO CALDO COM CAL VIRGEM

Alguns engenhos, principalmente os que produzem o açúcar mascavo em maior escala, utilizam a cal como agente de neutralização da acidez do caldo. A cal virgem (CaO) constitui o agente neutralizante mais econômico e a sua utilização tem sido indispensável nas usinas açucareiras.

Entretanto, para se enfatizar a sua utilização, pergunta-se: qual é a importância da adição da cal ao caldo na produção de açúcar mascavo amorfo, da rapadura e mesmo do açúcar cristalizado? A sua adição justifica-se em vários pontos:

a) aumento do pH do caldo de 5,2/5,4 para 6,5/7,0 (função do produto a ser elaborado),dificultando a inversão da sacarose e garantindo um maior rendimento de açúcar ensacado;
b) aumenta a precipitação de compostos fosfóricos (fosfatos monoácidos e biácidos de cálcio), que são removidos em pH próximos e até superiores a 7,0, melhorando a qualidade do caldo;
c) facilita a precipitação de outros compostos de cálcio, melhorando a qualidade do caldo.

d) arraste de outras impurezas do caldo pela ação adsortiva desses compostos fosfóricos.

Pelas reações do cálcio com os fosfatos do caldo e de outros compostos formam-se compostos floculentos e leves que são retirados com as espumas, tornando-se o caldo mais claro e brilhante.

É comum salientar que nos dois casos (com e sem cal), as impurezas do caldo são retiradas por flotação e não por decantação ou sedimentação. As impurezas, pelo aquecimento, vêm à superfície do caldo e aí são retiradas com uma escumadeira.

Para o caso dos grandes engenhos, recomenda-se o uso do decantador. O caldo, após tratado e aquecido, é enviado ao decantador, onde as impurezas são separadas por sedimentação.

DETERMINAÇÃO DA QUANTIDADE DE CAL VIRGEM

A quantidade de cal virgem (CaO), utilizada no caldo pode ser determinada pelo índice de pH que se deseja atingir, seja pelo uso de um papel indicador ou seja por titulação com uma solução de hidróxido de sódio a 0,1N. Contudo, o melhor controle de pH é o realizado com um potenciômetro elétrico.

Como se trata de um aparelho caro, recomenda-se o uso do papel indicador para os pequenos produtores ou mesmo estipular por prática uma dose que confira ao caldo um pH máximo de 6,5/7,0. Assim, para um volume de 150 litros de caldo e supondo uma dose de 200g de cal por tonelada de cana e considerando uma extração de 500 litros de caldo por tonelada de cana, por cálculo se chegará a um consumo de cal da ordem de 60g, ou seja: x = 200g cal x 150 L ÷ 500 L caldo = 60g cal. Esta quantidade de cal é adicionada em um pouco de água. A suspensão obtida, após peneirada, é adicionada ao caldo. Caso o pH não se aproxime do índice estabelecido, novas adições da suspensão devem ser realizadas.

A cal, caracterizada pelo seu teor de CaO, quando misturada em água, transforma-se no que se conhece por cal hidratada ou leite de cal [$Ca(OH)_2$]. A sua concentração é medida com um areômetro de Baumé ou Beaumé. Este areômetro nada mais é do que um densímetro que dá porcentagem de matéria seca nas soluções de NaCl quimicamente puro. Este densímetro é usado também para se medir as concentrações de sólidos de xaropes e méis, embora não seja o instrumento indicado.

Outra forma prática do uso da cal é prepará-la com água e guardar a suspensão em garrafas plásticas ou depósitos plásticos. Usar uma parte de cal para duas partes de água. Após misturar bem, a suspensão é peneirada. Para utilizar esta suspensão, deve-se aferir sua concentração com um areômetro de Baumé. A suspensão é colocada numa proveta, onde se introduz rapidamente o areômetro.

Quando o ponto de confluência do líquido com o densímetro, por exemplo, marcar 5° Bé, tem-se uma concentração de leite de cal de 5° Bé. Caso seja maior, a suspensão é retornada a um outro frasco onde se adiciona água. A operação de leitura é repetida até se obter a concentração desejada.

Na prática, considera-se que a porcentagem de CaO em 100mL de leite de cal é igual a °Bé-1. Assim, para um leite de cal de 5°Bé, tem-se 5-1=4g de CaO. Logo, para 150 litros de caldo e um consumo de 60g de cal o volume de leite de cal a 5°Bé a ser utilizado será de 1500 mL ou 1,5 litros de leite de cal, ou seja: x = 100 mL leite de cal x 60 g cal ÷ 4 g cal = 1500 mL ou 1,5 litros.

A tabela 4 indica a quantidade de CaO em gramas por litro de leite de cal ou em porcentagem o que pode facilitar aos produtores a preparação deste reagente em outros níveis de concentração.

Para se ter um maior cuidado na realização destas operações, recomenda-se partir de um volume menor de leite de cal. O uso do papel indicador é muito útil no controle do pH desejado do caldo, seja ele de tornassol, seja os comercializados com indicadores numéricos de cor. O papel de tornassol muda da cor clara para a verde quando se adiciona o leite de cal ao caldo.

É bom lembrar que a cal virgem é constituída de CaO e demais impurezas. O teor de CaO numa cal de boa procedência varia de 85 a 95%. Como nem sempre se tem uma cal de alta pureza, essas recomendações e cálculos devem ser considerados como aproximados.

Pela carbonatação da cal (formação de carbonato de cálcio por absorção de CO_2) esta pode perder a sua reatividade. Por isso, recomenda-se preparar uma certa quantidade de leite de cal, mantendo sempre uma camada de água sobre o precipitado. Na medida em que se necessita do leite de cal, fazer a sua preparação final conforme recomendações já mencionadas.

TABELA 4

GRAUS BAUMÉ, DENSIDADE E CONCENTRAÇÃO DE CaO NO LEITE DE CAL

°Bé	Densidade	g de CaO/litro	% de CaO
4	1,029	36	3,50
5	1,037	46	4,43
6	1,045	56	5,36
7	1,052	65	6,18
8	1,060	75	7,08
9	1,067	84	7,87
10	1,075	94	8,74
11	1,083	104	9,60
12	1,091	115	10,54
13	1,100	126	11,45
14	1,108	137	12,35
15	1,116	148	13,26

Com o uso do papel indicador de pH, pode se estabelecer a quantidade de leite de cal a 5ºBé a adicionar ao caldo. Em geral, esta quantidade pode variar de 6 a 12 mL por litro de caldo. Deve-se começar com volume menor e fazer verificações com o papel indicador.

O uso da cal previne a ocorrência da inversão da sacarose ou o seu desdobramento em glicose e frutose, tipos de açúcar que dificultam a secagem do açúcar. Esses açúcares facilitam a obtenção do puxa-puxa. O açúcar não se aglutina e torna a massa de sacarose brilhante e úmida. Por outro lado, os açúcares redutores em teores aceitáveis na massa de açúcar, além de contribuírem para a maior insolubilização da sacarose, facilitam a sua aglutinação quando chegar a fase de resfriamento.

A utilização da cal, tanto para os grandes engenhos como para os pequenos, vai permitir uma maior segurança com vista à obtenção final do açúcar mascavo. Para o caso de engenho com maior capacidade é comum tratar o caldo com a cal. Após este tratamento, o caldo é enviado a um decantador para a separação das impurezas, passando previamente por um aquecedor tubular onde é aquecido a 100/105ºC. O caldo claro e límpido que sai do decantador é bombeado a um evaporador, tipo tríplice-efeito, saindo de sua última caixa na forma de xarope, numa concentração variável de 60/65ºBrix para um depósito. O xarope deste depósito é bombeado para os tachos de concentração e apuração final.

Entretanto, para o caso dos pequenos engenhos, pelo uso de um ou mais tachos, o caldo, depois de passar por uma pré-limpeza na fase de aquecimento inicial, entra na fase de evaporação.

AQUECEDOR/DECANTADOR

Para que se obtenha um caldo livre de impurezas, recomenda-se usar um aquecedor/decantador mostrado na figura "A", a seguir. O caldo após extraído pela moenda é enviado a esses aquecedores onde é fervido por dois minutos aproximadamente e deixado a decantar. Esses decantadores são construídos com chapas de inox e providos de serpentina no fundo dos mesmos para o aquecimento a vapor. Esses decantadores são providos de um tubo transparente lateralmente com conexão à câmara para que se possa observar o caldo fervido e também decantado, o que vai facilitar a obtenção de um açúcar mascavo mais claro ou mesmo uma rapadura clarinha.

A limpeza do caldo nos cozedores será mais fácil, obtendo-se um xarope que permitirá se ter uma massa bem clara. A figura abaixo mostra esses decantadores. O lodo obtido dessa decantação é usado na parte agrícola da destilaria, depois de ter passado por sistema de peneiragem, podendo ser utilizado como adubo.

Figura "A": Aquecedor/Decantador de caldo

6.2.5 Evaporação do caldo

A etapa de evaporação do caldo, conforme se verá adiante, se processa de forma mais demorada, podendo se estimar um tempo de 2 a 3 horas. Nesta fase, o Brix do caldo passa de 18 a 20° para 65 a 75° (figura 8).

Durante esta fase, vão aparecer na superfície do caldo muitas natas de impurezas, que devem ser removidas. A ebulição do caldo, em função da intensidade do fogo, torna-se violenta e agressiva. A qualidade do açúcar vai depender do trabalho de limpeza que se realiza nesta fase. Quando o caldo vai atingindo o ponto de xarope, começam a aparecer as bolhas pequenas e tem início rapidamente a fase final de concentração. A temperatura nesta fase está em torno de 105 a 107°C. Nos tachos aquecidos a vapor, seja por uso de câmaras de aquecimento ou de serpentinas, esta vaporação pode ser mais rápida dependendo da superfície de contato entre vapor e caldo.

A superfície de aquecimento do tacho pode ser calculado considerando um consumo aproximado de 1,5 kg de vapor para evaporar 1,0 kg de água.

Para o uso de um vapor de 150 a 160°C, a superfície do tacho, seja de serpentina ou câmara, pode ser construída na base de 8 a 10m² por 1.000 kg de caldo de cana por hora de aquecimento e concentração.

6.2.6 Concentração final

Pela sequência das operações, o xarope vai se concentrando e mostrando uma consistência mais pesada. Nesta fase, as bolhas formadas são pequenas e tomam toda a superfície do tacho. Na medida em que este xarope vai se concentrando, as bolhas vão se formando e o tacho começa a mostrar as faces internas mais limpas pela passagem de um rodo ou escumadeira. A temperatura atinge, dependendo da condição da matéria-prima moída, de 123° a 126° C . O Brix do xarope, nessas condições, pode atingir de 92 a 93°.

A tabela 5, preparada pelos autores, dá uma boa indicação entre os valores de temperatura e o Brix do caldo. Verifica-se que as variações de temperatura e de Brix, úteis para o controle do ponto final da elaboração dos produtos, inerentes às tabelas 5 e 6.

A concentração final para se obter o açúcar mascavo pode ser também alcançada no tacho aquecido à vapor, mostrado na figura 8, da página 67.

TABELA 5
ÍNDICES DE TEMPERATURA E BRIX

	Temperatura em °C.	° Brix
Açúcar mascavo granulado	123 a 128	92 a 93
Rapadura	114 a 120	88 a 91
Açúcar mascavo cristalizado	110 a 114	84 a 88
Melado	106 a 108	74 a 78

TABELA 6
VALORES APROXIMADOS DE CORRESPONDÊNCIA ENTRE A TEMPERATURA E O BRIX DO CALDO DE CANA

T°C°	Brix	T° C	°Brix
105,7	74	111,3	85
106,0	75	112,3	86
106,3	76	113,4	87
106,7	77	114,7	88
107,1	78	116,2	89
107,5	79	118,0	90
108,0	80	120,2	91
108,5	81	123,0	92
109,0	82	126,6	93
109,8	83	131,3	94
110,5	84	138,0	95

Esta tabela 6 foi elaborada pelo emprego da seguinte fórmula: E = 2 x B ÷ 100 - B, onde E = elevação do ponto de ebulição e B = Brix do caldo de cana concentrado. O valor obtido por esta fórmula é adicionado a 100°C, que é a temperatura de ebulição da água à pressão atmosférica ou à pressão de 760 mm de Hg. Os valores obtidos, evidentemente, devem alterar ligeiramente, modificando-se a pressão atmosférica. Os dados desta tabela são válidos para uma pureza da massa de açúcar (Pol % Brix), variando de 87 a 90 %. Para os produtos de baixa pureza, as elevações de temperatura são bem menores. Assim, esta tabela deve ser aplicada como um instrumento auxiliar no trabalho de elaboração do açúcar mascavo e da rapadura.

Para se verificar o final de um cozimento, além do uso do termômetro, existem várias alternativas práticas para esta avaliação. Uma delas é a prova da bala a qual consiste em se retirar umas gotas do xarope e colocá-las em uma vasilha com água. Pelo manuseio com os dedos, o xarope, sendo resfriado, transforma-se em uma bala de consistência dura. Este é o ponto final do cozimento. Alguns operadores atiram esta bala contra a parte metálica do tacho e, pelo som, um tanto estridente, definem o ponto final do cozimento. Com um pouco de prática, logo se consegue conhecer e manusear a operação com bons resultados. O cheiro de queimado também serve como indicativo do final do cozimento. No uso direto do fogo e temperatura bem alta há o perigo de queima do açúcar, de alguma caramelização e inversão da sacarose. É, por isso, que alguns estudiosos do assunto fazem referência do gosto do açúcar mascavo lembrar a rapadura. Por qualquer descuido operacional, ocorrendo a inversão da sacarose, é muito difícil obter o açúcar mascavo. A massa de açúcar assume a forma de puxa-puxa. Este caso ocorre em razão da grande porcentagem de açúcares redutores formados (glicose e frutose). Com valores superiores, variando conforme os casos, de 8 a 10%, é muito difícil obter açúcar mascavo dentro de padrões técnicos aceitáveis. É aceitável, entretanto, que este teor de açúcares redutores não ultrapasse a 6 %. Com o uso da cal no caldo e em pH ± 7,0 e na temperatura 125°C, o açúcar mascavo é obtido com muita facilidade, dispensando qualquer outra verificação.

A concentração do xarope em temperaturas superiores a 127°C ocasiona a caramelização dos açúcares e a sua combustão torna-se inevitável. O escurecimento do produto vai ocorrer em consequência desta combustão que ocorre em pontos localizados do tacho, e o gosto e cheiro da massa não são nada agradáveis. Daí a importância de se controlar bem o ponto final da concentração.

6.2.7 Bateção, resfriamento e operações finais

Atingindo o ponto final da operação para o açúcar mascavo, o xarope é retirado com auxílio de uma concha para um recipiente de madeira, semelhante a um cocho, onde é mexido com auxílio de uma enxada ou sarrafo, vigorosamente, até que tudo fique reduzido a uma massa solta de açúcar . Esta operação propicia o resfriamento da massa e a sua solidificação. A figura 5 mostra alguns dos utensílios usados na fábrica. Pelo resfriamento produzido pela agitação da massa quente de açúcar, este vai assumindo uma condição de grânulos bem finos, que, em seguida, devem ser peneirados para se ter um produto final mais uniforme. Os grânulos que sobram da peneiragem podem ser moídos em desintegradores, tipo forrageiro e novamente peneirados. Os últimos grânulos podem ser retornados ao tacho para nova operação. É importante abafar o fogo caso a retirada da massa de açúcar seja demorada. Pode-se usar bagaço molhado. É por isso que o processo empregado em Jaboti, Estado do Paraná é bom, pois os tachos podem ser basculados, evitando a grande incidência do fogo no final do cozimento.

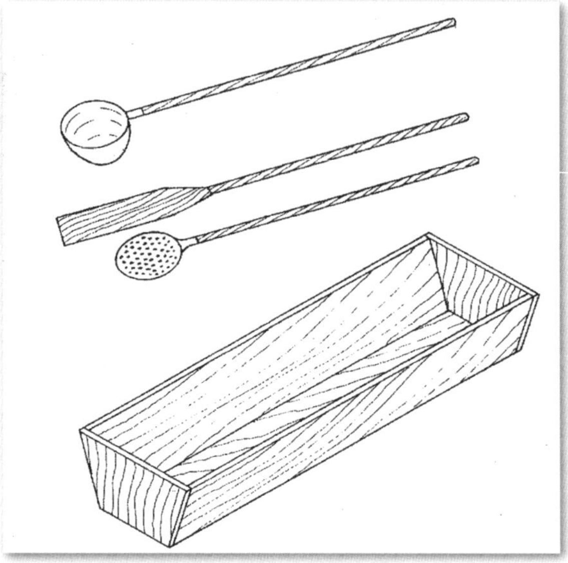

Figura 5. Concha, Espátula, Escumadeira e Cocho de Madeira

Este ponto final do cozimento constitui um desafio para o fabricante, tanto do açúcar mascavo amorfo como de rapadura. A temperatura da massa de açúcar sobe rapidamente depois que passa dos 110/115ºC, podendo chegar rapidamente aos 120/130ºC. É importante que o material seja retirado rapidamente do fogo, caso contrário vai ocorrer inversão da sacarose e, em consequência, um aumento do teor de açúcares redutores. Esta temperatura poderá ser verificada com o uso de um termômetro, sendo recomendado o de vidro. Os fabricantes que usam o vapor e os que usam os tachos basculantes e os removíveis estão mais seguros quanto ao sucesso das operações.

O açúcar final é ensacado e comercializado. Em função da densidade do açúcar mascavo e por ser mais solto é comum usar sacos de 20 a 25 kg para sua embalagem.

O rendimento de açúcar mascavo amorfo ou batido varia,

dependendo da riqueza da matéria-prima, de 80 a 100 kg por tonelada de cana-de-açúcar, lembrando-se que a extração de pol, usando-se apenas uma moenda está em torno de 50%. O processo de produção de açúcar mascavo pode envolver 4 tachos e um aquecedor conforme mostra a figura 6.

Como ainda será comentado, a agitação realizada para se obter o resfriamento e solidificação do açúcar pode ser feita também de forma mecânica, existindo já entre os produtores alguns modelos bastante simples e prático.

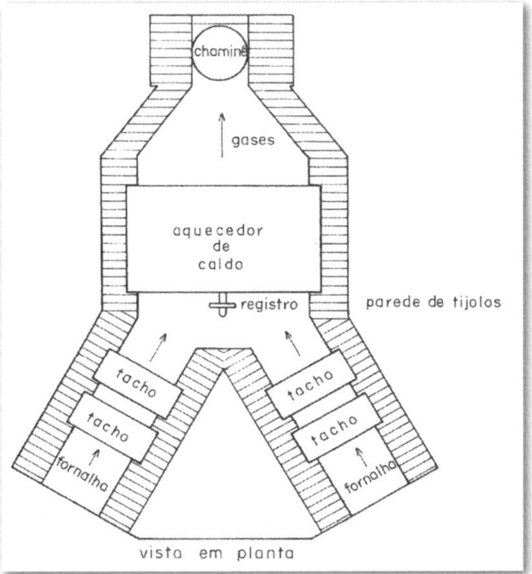

Figura 6. Processo Jaboti de açúcar mascavo

Este esquema de Jaboti-PR, desenvolvido pelos produtores locais, sob a coordenação do Sr. Milton Ribeiro, é muito prático, pois com duas fornalhas, o aquecimento é melhor conduzido e não se tem muito tempo parado, pois vai existir sempre um tacho em fase mais adiantada. Os tachos, depois de finalizado o cozimento, têm a massa concentrada basculada para o cocho, onde se processa a bateção e o resfriamento (Figura 6). O esforço físico maior está na bateção da massa. O cozimento é individualizado. Não há transferência de xarope de um tacho para outro. Há apenas a alimentação com caldo quente do tanque maior. Este tanque aproveita o calor dos gases que se dirigem à chaminé para aquecer o caldo, acelerando o processo.

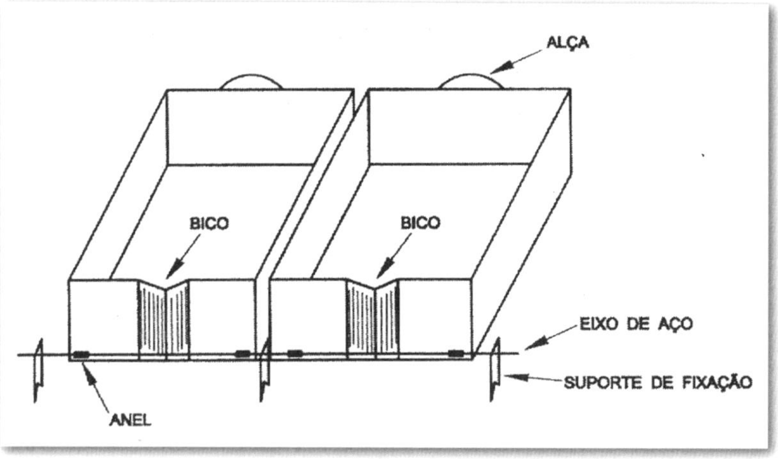

Figura 7. Tachos basculantes

A figura 7 mostra detalhes de 2 tachos que permitem o basculamento. Esses tachos recebem o caldo previamente aquecido de um tanque maior.

A figura 8 mostra um tacho inox aquecido a vapor, instalado em fábrica dos autores construído em inox, de onde resulta a massa cozida que será destinada ao batedor, figura 9.

Figura 8. Cozimento do xarope em tacho de inox
(Fábrica dos autores)

Como observação final do processo, o operador deve conduzir as operações com a máxima rapidez, não devendo submeter o caldo a aquecimentos superiores a 5 horas para que não se crie condições favoráveis à inversão da sacarose. A figura 8 mostra um cozedor a vapor em funcionamento, na pequena usina dos autores.

Em termos de batedor mecânico, os tipos mais usuais são constituídos de um depósito circular de ferro com diâmetro de 80 a 100 cm e uma altura de 50 a 60 cm e provido de uma saída lateral. O eixo com múltiplas palhetas, colocado internamente tem o seu acionamento assentado inferiormente, sendo constituído de motor elétrico e redutor. As palhetas são soldadas em braços de ferro colocados de forma cruzada no eixo. Esses braços devem ser interligados em sua parte superior, formando uma estrutura mais rígida.

A capacidade dos batedores é em função da quantidade de massa de açúcar que se deseja bater. A potência indicada do motor de acionamento do batedor varia de 0,2 a 0,4 cv por quilo de massa concentrada. É importante frisar que, em razão da alta viscosidade da massa cozida de açúcar a ser batida quando a temperatura vai decrescendo, os batedores devem ser construídos com capacidade apenas para 10 a 15 kg. A velocidade de rotação do batedor pode variar de 35 a 75 rpm.

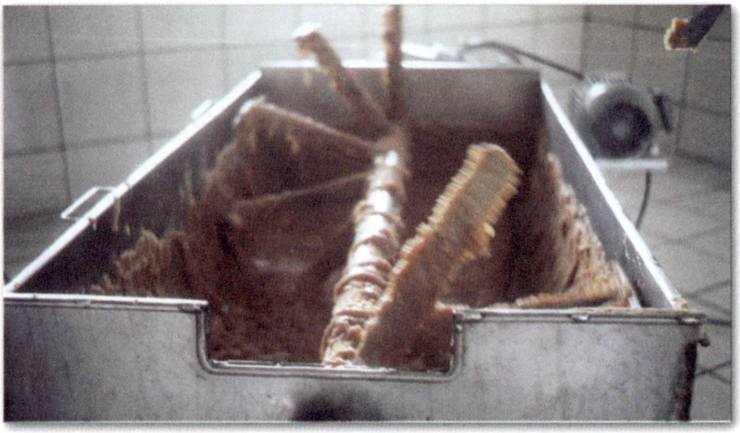

Figura 9: Batedor de massa cozida

Como última informação é oportuno citar que a produção de açúcar mascavo tem sido bem organizada no município de Jaboti-PR e outras cidades da região, onde os sócios da Cooperativa Agropecuária de Produtos Orgânicos da Terra (Cooperterra) têm se dedicado a esta atividade. O rendimento médio da produção do açúcar mascavo por alqueire (2,42 ha) chega a 13 toneladas. Produção esta que envolve a atividade de quase 200 famílias. O preço por quilograma deste açúcar chega a R$ 1,75. As propriedades desta região do Paraná estão certificadas pelo Instituto Biodinâmico (IBD), com sede em Botucatu-SP. Este açúcar tem sua marca identificada por Sabores da Terra.

Capítulo 7

PRODUÇÃO DE AÇÚCAR MASCAVO CRISTALIZADO

AS PRINCIPAIS OPERAÇÕES envolvidas na produção de açúcar mascavo cristalizado, açúcar este que tem a sua produção estimulada atualmente no Brasil, como uma das opções de consumo e de exportação e por ser produzido nas condições naturais, são as que se seguem. Todavia, antes deste descritivo, salienta-se que a obtenção deste açúcar permite também produzir uma boa aguardente ou cachaça a partir do mel centrifugado. O produtor tem assim dois produtos com maiores possibilidades de comercialização: açúcar e cachaça.

A cor deste açúcar pode variar também do marrom claro ao marrom escuro sendo em função da variedade de cana utilizada e, principalmente, da eficiência do processo de purificação do caldo.

A utilização de água fria ou quente para centrifugação da massa cozida pode permitir a obtenção de um açúcar mais claro. O mel, nessas condições fluirá da centrífuga com maior teor de sacarose. O fluxograma da fabricação deste açúcar é dado a seguir.

7.1 FLUXOGRAMA DA FABRICAÇÃO DO AÇÚCAR MASCAVO CRISTALIZADO

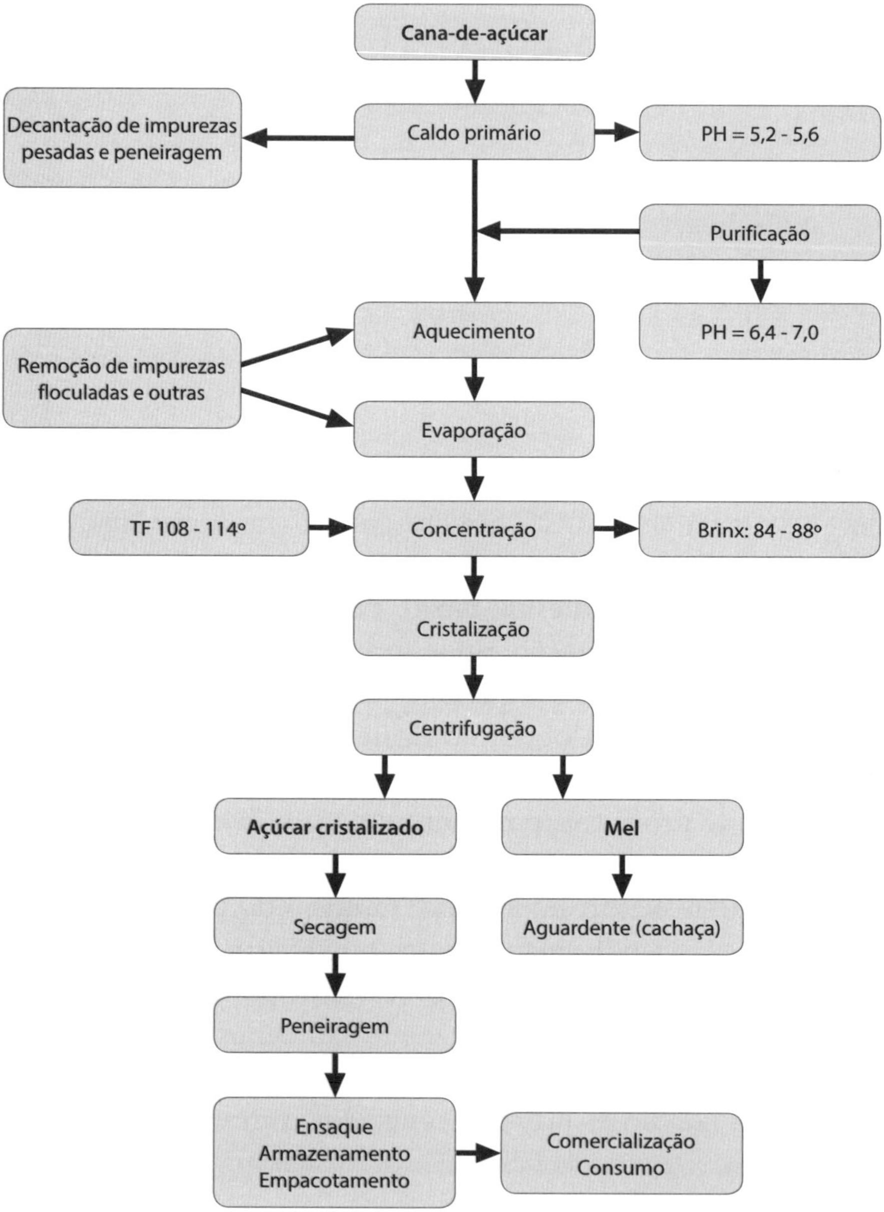

7.2 PROCESSAMENTO PRÁTICO

As operações envolvidas na elaboração do açúcar mascavo cristalizado são as seguintes:

7.2.1 Colheita da matéria-prima

A cana-de-açúcar deve ser colhida crua ou na palha, ou seja, sem o uso do fogo e transportada para o galpão próximo à moenda, utilizando-se carros tracionados por animais, carretas puxadas por trator, carroças etc.

7.2.2 Extração do caldo

Pela moagem da cana-de-açúcar em moenda, acionada por motor elétrico ou por animais, o caldo extraído, chamado de caldo primário ou normal, é recebido por uma calha ou caixa, de onde segue diretamente, após peneirado, para o tacho de aquecimento e demais operações.

7.2.3. Purificação do caldo

Estando o tacho cheio de caldo, ateia-se fogo à lenha da fornalha, iniciando-se o aquecimento.

Para o caso mais comum, as impurezas do caldo são retiradas com auxílio de uma escumadeira de cabo longo. Essas impurezas são constituídas de restos de folhas, bagacilho, gravetos e proteínas, além das matérias cerosas da casca do colmo que se juntam às outras já mencionadas. Na fase inicial do aquecimento, entre 50º e 70ºC, essas impurezas fluem à superfície. É importante a retirada destas impurezas antes do caldo entrar em fervura, pois, assim feito, será obtido um açúcar bem mais bonito. Com a fervura, caso não se retire totalmente essas impurezas, elas vão se misturar ao caldo, piorando a qualidade do açúcar.

Para quem usa dois tachos e, no caso de uso da concha para transferir o caldo para o segundo tacho, este deve ser filtrado, usando-se um coador de pano. Esta operação nem sempre é usada por ser mais trabalhosa, embora seja mais uma forma de limpeza do caldo.

As espumas, formadas com as impurezas do caldo, vão sendo lançadas em uma calha ou bica ou depositadas numa vasilha para serem descartadas ou levadas para o setor de fermentação no caso de se ter uma pequena destilaria.

Para se obter um açúcar de melhor aparência e se prevenir contra uma maior inversão de sacarose, deve-se tratar inicialmente o caldo com uma quantidade de leite de cal, na concentração de 5º Bé (Baumé). Antigamente, segundo Nilo CAIRO (1924), nos engenhos de açúcar mascavo cristalizado se recomendava, além do uso da cal, carvão mineral e barro, uma espécie de argila em pó, na base de 1500g do primeiro e 450g do segundo para cada 500 litros de caldo. A cal era usada na proporção de 500 a 600 g para cada 500 litros de caldo ou por tonelada de cana-de-açúcar. De qualquer forma, o correto é que o pH do caldo seja corrigido até 7, o que vai de certa forma evitar a inversão da sacarose. Atualmente não se têm disponíveis no mercado o carvão e a argila para se proceder à clarificação do caldo. Assim, resta ao produtor usar apenas a cal que é mais fácil de ser encontrada. Caso o produtor não encontre no mercado a cal virgem, deve procurar adquirir das usinas açucareiras as quantidades de que necessita para o seu trabalho. Caso contrário, poderá ser usada a cal hidratada, que, embora não seja de alto teor em CaO reativo, ajuda a resolver o problema de neutralização do caldo. A quantidade de $Ca(OH)_2$ é controlada também conforme o explicado no item 6. A quantidade de cal recomendada na produção deste açúcar pode variar de 200 a 400 g por tonelada de cana, quantidade esta inferior a indicada por CAIRO (1950).

Para se ter um melhor rendimento nesta operação é recomendável usar os decantadores a vapor mencionados no capítulo anterior (página 59).

7.2.4 Evaporação do caldo

Esta fase caracteriza-se por uma intensa fervura do caldo, já que se tem um fogo bem forte, mesmo em tacho de fornalha única ou de dois tachos. Para o caso de dois tachos, o primeiro, que teve o seu caldo transferido para o segundo, deve receber mais caldo ou água. O produtor não deve se esquecer que o número de tachos é definido pela quantidade de açúcar que se quer produzir num dia de trabalho. Deve-se relacionar a quantidade de caldo obtido por hora de moagem com o volume de tachos e depósitos ou cochos de cristalização.

Para se evitar derramamento, o caldo concentrado, assumindo o aspecto espumoso, é agitado com batedor de madeira ou escumadeira, operação esta que tem por finalidade desmanchar as bolhas pela quebra de sua tensão superficial.

A certa altura da concentração, o xarope vai assumindo uma ebulição mais tranquila. Nesta fase final de concentração, se processa o cozimento, sendo recomendado um fogo mais lento para se evitar a queima do açúcar.

O final do cozimento pode ser avaliado de várias formas, sendo uma a prova do fio ou do cabelo. Toma-se um pouco de xarope entre as pontas dos dedos, polegar e indicador, separando-os. O fio formado por este movimento rápido quando não se arrebenta indica o fim do cozimento. Dispondo-se de termômetro, a temperatura deve variar de 108° a 114°C e vai indicar com boa segurança o ponto final do cozimento. A queda lenta das últimas gotas de xarope da escumadeira quando erguida do tacho indica o ponto final do cozimento para a produção deste açúcar cristalizado. O processo de Jaboti, usando tachos individualizados, também pode ser indicado para a produção deste açúcar.

Ainda em relação à adoção desses critérios que são os mais variados, é importante lembrar que esta descrição sucinta se refere à produção de açúcar cristalizado. O ponto final da concentração deve ser mais brando do que o recomendado para o açúcar mascavo amorfo e mesmo para a rapadura.

Ainda segundo o Dr. Nilo CAIRO (1924), a temperatura do xarope deve estar em torno de 112°C e a concentração em torno de 42 a 44° Bé ou de 84 a 88° Brix. Pela tabela 4, verifica-se que as concentrações em Brix e Baumé são diferentes da relação de 2 para 1. Normalmente, o Brix é um pouco maior do que o Baumé dividido por 2.

De acordo com o mesmo autor, essas primeiras operações duram de 4 a 5 horas, podendo as subsequentes serem obtidas praticamente de hora em hora, pelo rodízio dos tachos empregados na operação

7.2.5 Cristalização do açúcar

Após dado como final o cozimento, o xarope, altamente concentrado, é transferido para uma resfriadeira que nada mais é do que uma caixa retangular de madeira ou cocho, cuja capacidade deve ser duas vezes maior do que a do tacho. Pelo resfriamento, a sacarose começa a se cristalizar nesses recipientes. Depois de 24 horas, aproximadamente, tem-se o que se conhece por massa cozida, formada de cristais de sacarose e mel.

Quando são usados os cochos de madeira, o caminho a seguir é o da centrifugação do açúcar. Antigamente, eram usadas turbinas movidas à roda d'água ou pela força manual. A carga e descarga eram feitas pela parte superior. Atualmente, existem no mercado essas turbinas que são movidas a motor elétrico (3cv) e são recomendadas para se produzir este tipo de açúcar.

O mel centrifugado pelos processos antigos era reutilizado em outros cozimentos, dando um açúcar, conhecido por açúcar de 2º jato. Entretanto, como esta utilização era mais demorada, os produtores preferiam fazer aguardente desse mel.

A outra opção para se ter o açúcar cristalizado era o uso de caixas de madeira ou formas cônicas com capacidade para 60 ou 80 litros e que tinham um furo no ápice. O xarope concentrado, oriundo do último tacho, era colocado em formas, dependuradas em suportes de madeira. Os furos eram arrolhados com batoque de madeira. Depois de alguns dias (8 a 10), o batoque era retirado e um varão de madeira ou ferro era introduzido no cone para facilitar o escorrimento do mel, o qual era recebido em depósitos apropriados. Após o escorrimento do mel, era procedida a secagem do açúcar.

Figura 10. Cocho de madeira para cristalização da sacarose (Manhuaçu-MG)

Figura 11. Centrífuga de açúcar mascavo cristalizado (Manhuaçu-MG)

7.2.6 Secagem do açúcar

Embora, nos processos antigos não haja menção de secadores, o açúcar produzido era secado ao sol para ser depois ensacado, armazenado e vendido. A secagem deste açúcar pode ser realizada também em secadores horizontais de pequeno diâmetro, semelhantes aos usados pelas usinas de açúcar, devendo ser construídos em ferro e em modelo bem simples.

Em termos de rendimento, estima-se que uma tonelada de cana produz em média de 450 a 550 litros de caldo de cana. De acordo com dados da literatura e para efeito apenas de comparação, tem-se os seguintes rendimentos:

a) Uma tonelada de cana produz em média 50 kg de açúcar e 10 litros de mel purgado das formas de madeira. Usando-se turbina, tem-se 40 kg de açúcar e 40 litros de mel (em valores aproximados).
b) Dez litros de mel no primeiro caso vão produzir 8 litros de aguardente e no segundo caso (mel de turbina) 25 litros.

Observação 1: É muito importante que se diga que o açúcar assim produzido, separado em turbinas manuais, tem maior pureza do que o açúcar mascavo amorfo, conforme se verá pelos dados que serão apresentados no final deste trabalho.

Observação 2: Para os que se interessam em produzir o açúcar mascavo cristalizado, há necessidade de se prever o destino do mel resultante da centrifugação. Os produtores de Minas Gerais, região de Manhuaçu, leste do Estado, têm procurado fazer a sua fermentação e produzir aguardente, a qual é muito apreciada. Assim, a instalação deve prever, além dos equipamentos para a produção do açúcar, o alambique e as dornas de fermentação. Para se ter uma diminuição de custos, o alambique deve ser aquecido a fogo, pelo uso da lenha ou do bagaço resultante da moagem. Pela venda da aguardente e do açúcar, a atividade torna-se mais rentável, aliada às outras rendas da propriedade.

Capítulo 8

PRODUÇÃO DE RAPADURA DE CANA-DE-AÇÚCAR

A FABRICAÇÃO DE rapadura envolve as mesmas operações e praticamente os mesmos equipamentos relacionados para a fabricação de açúcar mascavo.

É essencial ter uma moenda, tachos para concentração do caldo, os cochos ou batedeiras e as formas de solidificação. A operação poderá ser feita num único tacho, no qual se faz a purificação, a evaporação até a condição de xarope e a concentração final.

A qualidade da rapadura vai depender da qualidade da matéria-prima e do trabalho de limpeza do caldo. É usual não fazer qualquer adição de clarificante, limitando-se muitos produtores a apenas coar o caldo. Todavia, em função da elaboração ser feita em altas temperaturas, a adição de leite de cal, numa concentração a 5° Bé é recomendada. O pH do caldo deve ser corrigido até próximo de 6.5 ou, variando de 6.0 a 7.0 conforme observações práticas de processo. Este controle pode ser feito através do uso do papel indicador ou de algum potenciômetro. Para efeito da neutralização do caldo, deve-se usar de 100 a 300 g de cal para cada 450/500 litros de caldo ou de 0.2 a 0.6g / litro de caldo. Um meio prático é o de dissolver um determinado peso de cal em água, peneirar e adicionar a suspensão ao caldo. Para se medir a concentração do leite de cal, deve-se colocar a suspensão numa proveta de vidro ou similar e fazer a leitura com o aerômetro de Baumé. Outras informações da preparação do leite de cal podem ser obtidas na parte que trata do açúcar mascavo. Alguns produtores brasileiros já estão usando mucilagens vegetais para auxiliar na remoção das impurezas do caldo. Os produtores colombianos usam o bálsamo e outras essências na fase de clarificação do caldo. O ácido fosfórico também tem seu uso permitido na proporção de 50 a 100 ppm (50 a 100 mg / litro de caldo) como auxíliar de clarificação.

Para uma produção em maior escala da rapadura, o uso de vários tachos e de batedores torna-se indispensável. Para esses casos, o uso do vapor se faz presente e as instalações devem prever a existência de uma caldeira de vapor d'água. Os tachos para esta condição possuem camisas duplas para o aquecimento a vapor. O batedor poderá ser acionado por motor elétrico ou por algum sistema mecânico qualquer. As operações são feitas individualmente. Poderá haver ou não transferência de caldo e xarope entre tachos, sendo em função do sistema de instalação empregado. De modo geral, os produtores de rapadura seguem o fluxograma de fabricação que vem a seguir:

8.1 FLUXOGRAMA DA FABRICAÇÃO DA RAPADURA

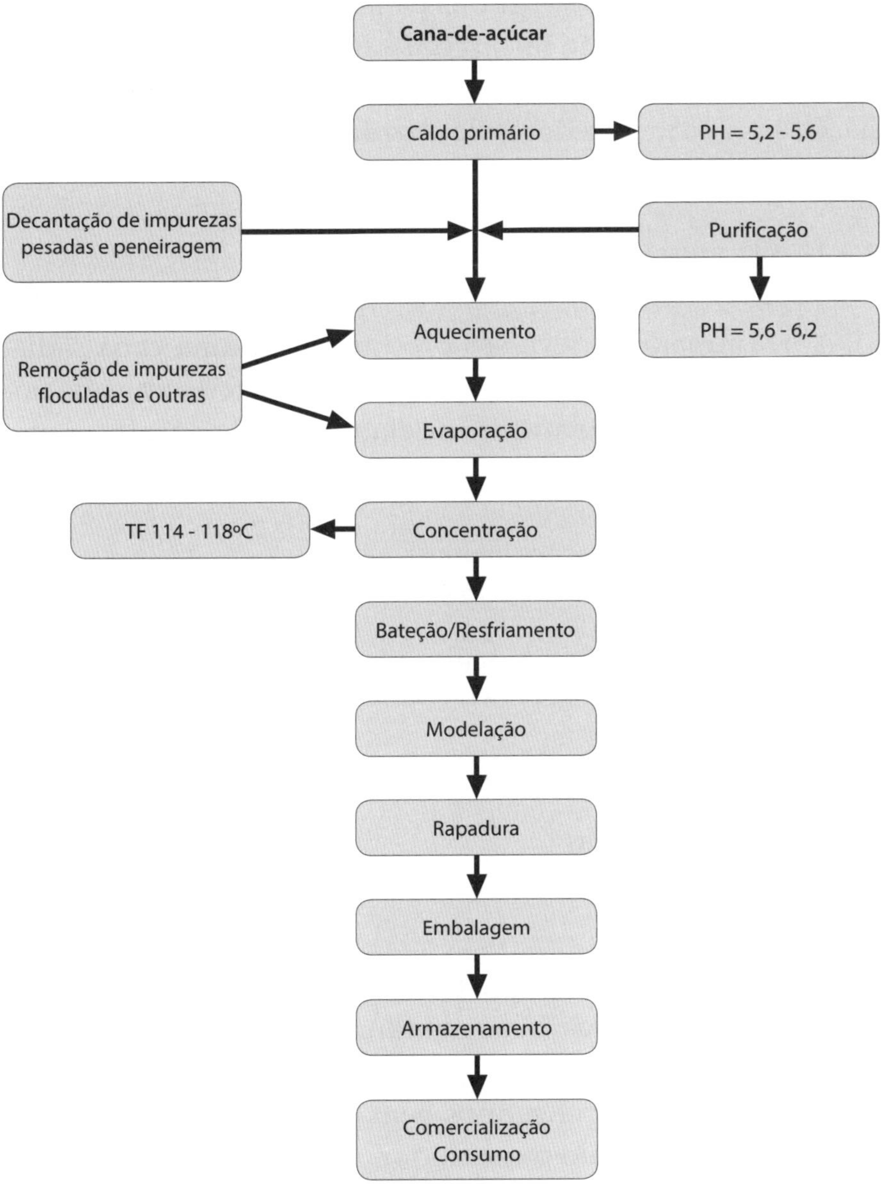

8.2 PROCESSAMENTO PRÁTICO

Analisando-se o fluxograma de produção, verifica-se que o processo de fabricação inicia com a matéria-prima e moagem, sucedendo-se depois várias etapas de considerável importância. Os pontos merecedores de abordagem são os que seguem:

8.2.1 Matéria-prima

A boa rapadura deve ser produzida de uma cana sadia, vigorosa e com bom teor de açúcar. As características que podem interferir negativamente na elaboração de uma boa rapadura são as seguintes:

a) canas com brotações laterais;
b) canas cortadas há alguns dias;
c) canas velhas;
d) canas com internódios curtos;
e) canas com muita ponta ou palmito;
f) canas brocadas;
g) canas com muitas raízes;
h) canas secas;
i) canas amassadas;
j) canas murchas;
l) canas verdes.

Certamente, as canas que apresentam essas características devem ser descartadas. Uma rapadura clara e de bom aspecto, mostrando uma cor variando do marrom claro ao marrom escuro, produzida por engenhos bem cuidados, é sempre vista com mais atenção pelo consumidor.

Embora a variedade de cana-de-açúcar possa ter alguma influência quanto à cor da rapadura, é de se esperar que a boa limpeza da matéria-prima, a higiene, o emprego de processos corretos para a clarificação do caldo e a boa condução da concentração do caldo certamente permitirão ao produtor obter um produto bem mais claro do que os tipos escuros, que via de regra são comercializados.

Os sais de ferro, combinados com as substâncias polifenólicas, encontrados principalmente na ponta da cana-de-açúcar, dão origem à formação de compostos de coloração escura. Na classe das substâncias polifenólicas no caldo de cana em processamento estão o tanino, as hidroxilas fenólicas, antocianina e a sacaretina, sendo esta presente na fibra da cana. As substâncias, conhecidas por melanoidinas, também contêm hidroxilas fenólicas. Todas essas substâncias polifenólicas se escurecem em contato com o ar, sendo que, em soluções alcalinas, também formam compostos escuros com íons férricos.

É sabido que o caldo em ausência de ferro assume a cor marrom quando exposto ao ar, mas em sua presença, vai tendo a sua cor tendendo para o verde. As reações entre as várias enzimas presentes no caldo de cana, em conexão com os polifenólicos e ferro, são as responsáveis pelas diferentes cores do caldo de cana. A formação de produtos escuros é também atribuída à reação entre açúcares redutores e aminoácidos, reação esta conhecida por "pardeante ou de Maillard". A cor escura da rapadura pode ser também devido à caramelização que ocorre no momento de tiragem da massa da rapadura do tacho, cuja intensidade é em função da maior ou menor demora desta operação.

Em resumo, o escurecimento da rapadura pode estar relacionado a maior ou menor presença de:

a) substância polifenólicas;
b) substâncias nitrogenadas;
c) açúcares redutores;
d) ferro.

Em algumas regiões do Brasil existem produtores que para não interromper a produção de rapadura pela falta de matéria-prima com boa maturação, adicionam açúcar cristal branco ao caldo de canas verdes ou com baixo índice de açúcar, elevando, deste modo o seu teor, elaborando a sua rapadura sem problema. É evidente que este artifício descaracteriza a produção de uma rapadura de boa qualidade e contraria o que dispõe a legislação. Para esses casos, seria recomendável que no rótulo estivesse escrito a indicação de sua composição, orientando, deste modo, o consumidor. Tal condição é hoje uma exigência de órgãos governamentais.

Para a produção de uma boa rapadura caracterizada como produto natural, todo produtor deve planejar bem a sua lavoura de cana-de-açúcar sem o uso de adubos químicos e o emprego de herbicidas.

Para um melhor manejo da matéria-prima cortada é recomendável o enfeixamento das canas, facilitando assim o carregamento, o transporte, o descarregamento e a moagem.

Para moagens superiores a 20 toneladas de cana por dia, recomenda-se carregar a matéria-prima com auxílio de carregadoras mecânicas.

Como as canas carregadas mecanicamente estão sempre acompanhadas de terra, recomenda-se a lavagem das mesmas ou o emprego de decantadores de caldo na fase de sua purificação.

A figura 12 mostra uma carreta com matéria-prima, tracionada por trator, um pequeno guincho para retirada das canas e uma esteira metálica de recepção.

É uma instalação recomendada para moagens superiores a 20 toneladas por dia, tanto para produção de rapadura como para açúcar mascavo granulado.

A figura 13 mostra as canas armazenadas próximas a moenda sendo esta alimentada manualmente.

Figura 12. Descarregamento de cana da carreta para a esteira

Figura 13. Alimentação de moenda com canas soltas

8.2.2 Extração do caldo

A grande maioria dos engenhos de rapadura utiliza uma só moenda para a extração do caldo. Tem-se, neste caso, um caldo chamado de caldo primário. Quando se têm duas ou mais moendas e com o uso de água para embebição do bagaço entre moendas, tem-se o chamado "caldo misto". Assim, o caldo misto é aquele obtido com adição de água, tendo por isso, um menor teor de sólidos solúveis ou Brix. Este é o caso das grandes usinas de açúcar e destilarias de álcool e não dos engenhos de rapadura que, no geral, usam apenas um terno de moenda.

Conforme já foi mencionado, as moendas mais usuais são de pequenas dimensões, providas de acionamento elétrico, a diesel e mesmo à tração animal. Os castelos das moendas são geralmente de ferro fundido, podendo ser encontrados os de madeira ou de chapas de ferro soldadas.

Em alguns engenhos do Estado do Ceará foi observado que o rolo superior do terno possui frisos na posição horizontal, justificado pela maior apreensão das canas em moagem. É evidente que este tipo de friso pode ser útil para o caso de moer canas inteiras, podendo, entretanto, trazer complicações quando se tem um picador de cana em duas ou três moendas. Como não se usa pente neste cilindro, certamente haverá problemas de limpeza dos rolos depois de algum tempo de moagem. Ademais, não se têm dados comparativos divulgados de extração que comprovem a eficiência desses frisos. Daí, ser mais recomendável o uso de moendas com frisos circunferenciais e que devem ser refrisados com frequência para manter sempre uma boa extração em termos de açúcar ou de caldo. As moendas utilizadas por muitos engenhos do Ceará são produzidas pela firma Antônio Linard, situada na cidade de Missão Velha, região sul do Estado.

Nos engenhos de rapadura do Brasil, não se tem dado muita importância à eficiência das moendas ou da moagem. Esta é avaliada em termos de capacidade e extração. É usual expressar a capacidade pela quantidade de cana que se mói na unidade de tempo, podendo ser em toneladas ou quilogramas por hora. Quanto à extração, a forma mais usual é expressá-la em termos de extração de pol porcento de pol existente na cana, forma esta muito usada pelas usinas de açúcar. Todavia, para os engenhos de rapadura, devido a falta de equipamentos e laboratório de controle, a extração é avaliada em termos de peso ou volume de caldo extraído por determinado peso de cana em moagem. Para tanto, é necessário se ter uma balança de pesagem. Como também não se têm balanças de maiores tonelagens, os engenhos podem fazer a pesagem em balanças menores de determinada quantidade de cana e do caldo obtido, o que permite avaliar a quantidade de caldo extraído por determinado peso de matéria-prima.

Como os proprietários dos engenhos não têm se preocupado com a boa manutenção de suas moendas, devido ao baixo valor comercial da rapadura, a extração do caldo tem sido decrescente com o passar dos anos, resultando em baixos rendimentos. Esta falta de manutenção tem sido muito frequente, sendo realizada apenas quando da quebra da moenda.

É preciso salientar também que o bagaço saindo da moenda muito úmido não reúne condições para seu uso imediato nas fornalhas. Na maioria dos engenhos, este bagaço é espalhado no solo para a secagem ao sol por alguns dias e depois transportado para próximo da fornalha para ser queimado ou mesmo armazenado em galpões cobertos para o uso na próxima safra. O uso de lenha suplementa o bagaço como combustível quando este se torna insuficiente.

O uso de um picador e de dois ternos de moenda pode permitir um bagaço com menor umidade e em melhor condição de ser queimado nas fornalhas. Algumas fábricas de equipamentos estão fabricando moendas com desfibradores acoplados em sua parte de alimentação juntamente com um rolo alimentador e que tem dado bons resultados em termos de extração. O bagaço resultante sai bem picado, sendo de bom manejo, podendo ser usado em hortas, pomares, jardins e no preparo de adubos compostos.

Nos engenhos do Estado do Ceará foi observada a alimentação das moendas com canas soltas, já que não se tem o hábito de enfeixá-las. A figura 13 mostra esta operação que, além de trabalhosa, não é eficiente em termos de moagem. A baixa eficiência neste trabalho é notória.

8.2.3 Limpeza do caldo

A primeira operação por que passa o caldo extraído é chamada peneiragem. Usando-se uma peneira de malha fina, seja de cobre, aço inoxidável ou mesmo nylon, pode-se reter muitas impurezas grosseiras do caldo, constituídas principalmente de bagacilho, gravetos, folhas etc. Pela peneiragem não é possível reter terra e as impurezas bem finas. Daí a indicação da lavagem da cana para se remover a areia, a terra e o pó que a acompanham. Pela lavagem das canas, as ceras que estão na casca também são removidas.

O uso de pequenos depósitos, identificados por pré-limpadores de caldo permite tanto a remoção das impurezas leves (bagacilhos, folhas etc) como das pesadas (areia, terra, pedras etc). Alguns das engenhos da Colômbia e do Ceará usam esses pré-limpadores. Estes podem ser construídos em alvenaria com revestimento de azulejo, em chapa de aço inoxidável ou de zinco. A sua capacidade deve ser calculada para uma retenção de caldo de pelo menos 15 minutos. Na parte inferior são separadas as impurezas pesadas e na parte superior, pelo uso de anteparos, as impurezas leves (figura 14).

O caldo limpo de pré-limpador segue para os tachos de aquecimento e concentração.

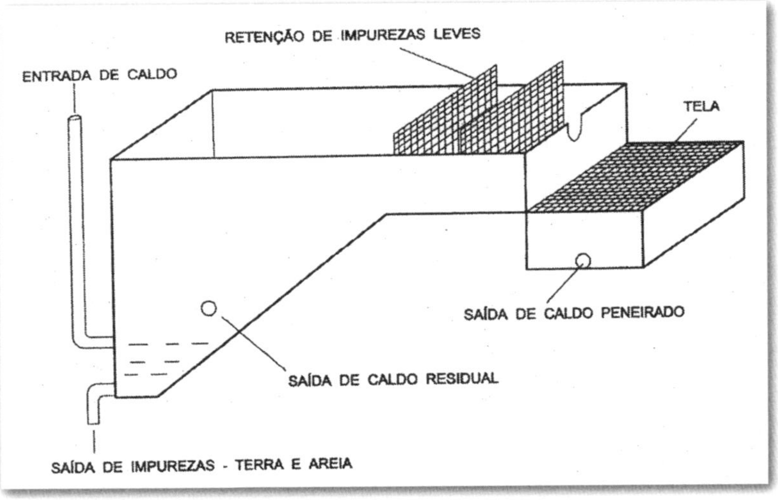

Figura 14. Pré-limpador do caldo

8.2.4 Clarificação do caldo

O objetivo básico da clarificação está na remoção das impurezas solúveis e coaguláveis que se formam quando o caldo de cana, após peneirado, entra na fase do aquecimento.

Quando o caldo não é bem peneirado, as impurezas grosseiras, tais como o bagacilho, gravetos e folhas, se juntam às impurezas coaguláveis pelo calor, como albuminas, ceras e sais fosfóricos. Nesta condição, o trabalho de limpeza e clarificação do caldo não é bom e a rapadura pode sair escura.

Tratamento geral do caldo

Como tem sido bastante enfatizado neste livro, a qualidade dos produtos elaborados a partir do caldo de cana-de-açúcar é em função, principalmente, de seu tratamento com vista à sua limpeza e clarificação.

Os produtores de rapadura, em sua maioria, da região centro-sul do Brasil não têm o hábito de adicionar qualquer agente de clarificação no caldo, mesmo quando se faz açúcar mascavo. Tem-se observado que em muitos casos os produtores não mostram boa qualidade no tocante ao aspecto e gosto, características estas decorrentes, principalmente, da falta de cuidados técnicos dispensados durante a fabricação. Em contrapartida, os produtores do nordeste brasileiro já têm o hábito do uso da cal e de mucilagens vegetais.

Em função da elaboração da rapadura ser feita em altas temperaturas, a adição da cal na forma de leite de cal, numa concentração de 5 a 10°Bé, é bastante recomendável. Nessas condições, o pH do caldo pode ser corrigido para próximo de 5,6 a 6,2. O controle dessa adição de cal pode ser feito com papel indicador de pH ou com o uso de um potenciômetro.

A quantidade de cal a ser adicionada ao caldo pode variar de 100 a 200 gramas para cada 450 a 500 litros (1 tonelada de cana-de-açúcar) ou numa proporção de 0,2 a 0,4 g por litro. Um meio prático para realizar esta operação é o de dissolver um determinado peso de cal em água. A suspensão obtida, após peneirada, é adicionada ao caldo. Como já foi mencionado, a cal pode ser adicionada também na forma de leite de cal numa concentração aferida com um aerômetro de Baumé. As informações sobre esta preparação e uso estão detalhadas no capítulo referente ao açúcar mascavo.

É importante ressaltar que uma alcalinização excessiva com cal (pH>7,0) pode tornar a rapadura escura em razão de sua reação com os açúcares redutores que se encontram neste produto em teores elevados.

Como já foi dito, alguns produtores da Colômbia utilizam o "bálsamo" como auxiliar da clarificação do caldo. Os produtores do Ceará, Brasil, utilizam-se da "mutamba". Esses vegetais, após ferventados, liberam mucilagens que se apresentam como um líquido resinoso, baboso, espesso e viscoso. Este líquido, adicionado ao caldo de cana, se aglutina pelo calor com as impurezas do caldo, sendo retiradas com uma escumadeira ou concha, deixando o caldo claro e mais límpido. Essas mucilagens são retiradas dos caules das plantas através de um processo de infusão em água quente.

O ácido fosfórico também tem o seu uso indicado como agente de clarificação, podendo ser usado na proporção de 50 a 100 ppm (50 a 100 mg / 1 de caldo). É necessário adicionar inicialmente o ácido fosfórico e depois a cal para corrigir o pH do caldo. O caldo ficará mais claro e bonito com a adição de fosfato. A adição do bicarbonato de sódio tem sido também realizada por muitos fabricantes de rapadura.

Outros aditivos de clarificação têm sido usados pelas usinas de açúcar, tais como polieletrólitos, polifosfatos, mas não recomendados para os produtores de rapadura que devem se preocupar com a sua produção em condições bem naturais.

CLARIFICAÇÃO NOS TACHOS AQUECIDOS A FOGO

Pelo uso de tachos aquecidos a fogo e que é a prática mais comum no Brasil, as impurezas do caldo começam a flotar e o trabalho de remoção tem início com auxílio de uma concha (figuras 15 e 16). Pelo uso da concha, essas impurezas são colocadas em um pequeno depósito onde são sedimentadas. O caldo resultante desta decantação pode ser retornado ao processo. Essas impurezas podem também ser usadas como ração para animais ou mesmo destinadas à fermentação para se fazer aguardente. As perdas pela remoção dessas impurezas podem variar de 5 a 10 kg de lodo para cada 100 kg de caldo em tratamento. Com o retorno de caldo estas perdas podem ser menores, variando de 2 a 3 kg de lodo. Pelo uso de escumadeiras essas perdas são estimadas entre 1 a 2 kg para cada 100 kg de caldo.

Esta remoção deve ser feita de forma completa, cuidadosa e contínua até que o caldo comece a ferver. Na fase de fervura do caldo, algumas impurezas se aglutinam nas partes mais frias do tacho, já que no processo a fogo não se tem uma chama uniforme. O operador deve ficar atento e proceder a remoção dessas impurezas.

Pelo aspecto brilhante e cristalino do caldo em aquecimento, o operador pode prever a qualidade da rapadura a ser elaborada.

Figura 15. Fornalha com vários tachos (Ceará)

Figura 16. Remoção de impurezas e tachos com xarope

A figura 16 mostra uma fábrica com vários tachos em linha na fornalha em que o operador faz a transferência do caldo com auxílio de concha até a concentração final no tacho de "ponto". Em alguns engenhos o caldo cru é colocado no primeiro ou nos primeiros tachos, podendo ser também adicionado ao último. Cada engenho segue um sistema de aquecimento e concentração, exigindo-se sempre o cuidado de não deixar o tacho sem líquido, seja caldo ou água. Os dois engenhos, figuras 15 e 16, como a maioria dos engenhos do Ceará, não atendem as condições do Código Sanitário.

O número de tachos é em função da capacidade e a forma dos tachos e da quantidade de rapadura que se deseja produzir.

Clarificação nos tachos aquecidos a vapor

A retirada das impurezas do caldo aquecido em tachos a vapor segue a mesma prática empregada quando se usa o tacho aquecido a fogo.

O tacho aquecido a vapor é vantajoso em relação ao aquecimento a fogo por permitir um bom controle das operações. Assim, o caldo estando próximo do ponto de ebulição pode o operador interromper a adição do vapor ao tacho pelo fechamento do registro da tubulação alimentadora. Nesta condição, se processa a retirada das impurezas coaguladas e aglutinadas na superfície do caldo que são colocadas nas calhas laterais do tacho, de onde seguem para um depósito. Após estas operação, o vapor é novamente liberado para o tacho. As impurezas que se aglutinam posteriormente são retiradas nas fases de evaporação que se sucedem à operação de concentração do caldo. Essas impurezas são recolhidas nas calhas laterais do tacho.

Os tachos usados nesta operação (figuras 17 e 18) podem ser na forma de um cone ou retangular. Podem estar providos de câmera a vapor ou aquecidos por uma serpentina, construída em aço inoxidável ou em cobre. Esses tachos podem ser construídos para um volume de 250 a 1.000 litros. Para se operar com mais rapidez e não se correr riscos de se ter perdas por evaporações tumultuosas deve-se trabalhar com um volume menor de caldo a ser processado.

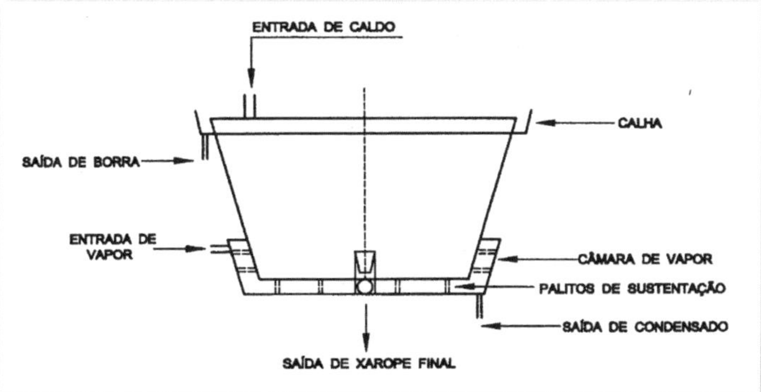

Figura 17. Tacho na forma de cone

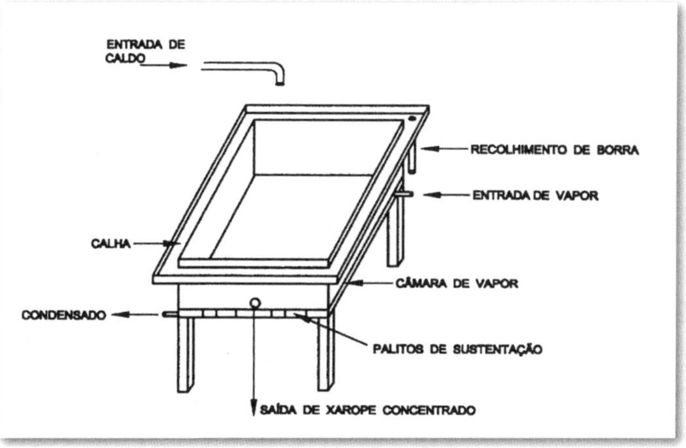

Figura 18. Tacho na forma retangular

Decantador de impurezas

Para os produtores que acham trabalhosa a remoção das impurezas do caldo nas operações iniciais da fabricação da rapadura em tachos aquecidos a fogo ou a vapor, resta a alternativa do emprego da decantação do caldo. Por este processo, após o aquecimento, o caldo é deixado descansar por um período de 30 a 60 minutos.

O processo mais antigo de decantação das impurezas envolvia o uso de um depósito cilíndrico, munido de saídas laterais e de descarga. Por este processo, após o tratamento com cal e o aquecimento do caldo até a ebulição, as impurezas coaguladas se precipitam e vão para o fundo do recipiente usado para esta operação. Durante esta decantação, as impurezas vão arrastando para o fundo outras partículas em suspensão, deixando o caldo mais claro e cristalino. As impurezas pesadas como areia, argila, terra e pedras vão para o fundo do recipiente, enquanto as leves, bagacilhos, folhas e gravetos ficam na superfície.

Por esta operação, o caldo tratado e aquecido se divide em 3 partes: a superior, constituída de impurezas leves, a central, constituída de caldo claro, e a inferior, de impurezas pesadas.

Dependendo do formato do recipiente usado, conhecido por decantador, pode-se dotá-lo de quatro saídas de materiais: a inferior, onde se faz a drenagem das impurezas pesadas e leves e três laterais, a diferentes alturas, para a drenagem de caldo clarificado, conforme mostra a figura 19.

Este decantador pode ser construído com chapas de de ferro ou de aço inoxidável. Pode estar provido de câmara de vapor ou serpentina. O volume desses decantadores pode ser calculado para um tempo de retenção de uma hora, sendo indicado para engenhos que possuem caldeira a vapor (figura "A", página 59).

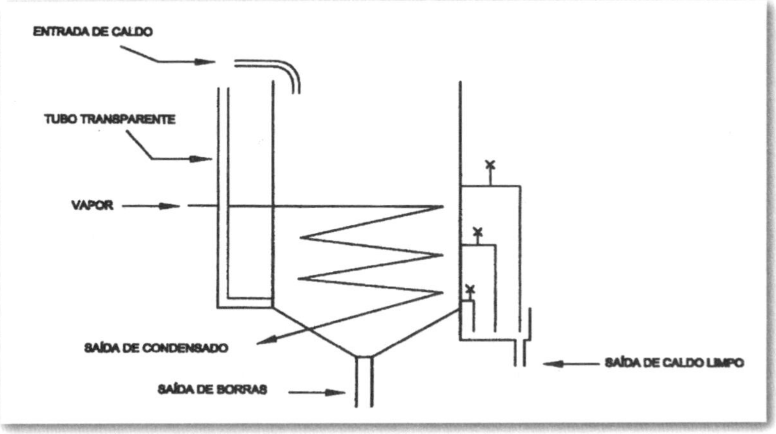

Figura 19. Tacho de decantação de caldo

Para os engenhos que usam a fornalha a fogo, o sistema pode ser viabilizado desde que o caldo ao entrar em ebulição seja transferido para um recipiente para sedimentação das impurezas. Após algum tempo, se processa a retirada do caldo limpo pelos registros laterais do decantador ou por uma saída única. As borras (impurezas leves e pesadas) são reunidas num depósito para outros usos.

Em qualquer dos casos, o caldo clarificado, após peneirado, volta aos tachos para evaporação e concentração final. As impurezas pesadas conhecidas como lodo ou borra, reunidas num depósito, podem ser usadas como ração ou enviadas à fermentação, após peneiradas.

8.2.5 EVAPORAÇÃO E CONCENTRAÇÃO FINAL

O caldo, após passado por uma limpeza e clarificação, entra na fase de perda contínua de água, transformando-se num líquido cada vez mais amarelado e espesso. O Brix passa de 18/20º para 50/60º. O operador vai procurando fazer a remoção de alguma impureza que se aglutina na superfície e mantendo os tachos sempre com um pouco de xarope no caso de uso de muitas unidades, conforme mostra a figura 16. Para o caso de tachos individuais, aquecidos a vapor, as operações são conduzidas até ocorrer a concentração final (±90º Brix). Quando se vai atingindo esta fase final, o uso de um termômetro pode indicar o término do cozimento. Em geral, este final de cozimento se processa entre 114 e 120ºC e está na dependência de se querer produzir uma rapadura mais mole ou mais dura, mais úmida ou mais seca.

Na prática, o rapadureiro verifica o ponto final de cozimento colocando algumas gotas de xarope num prato de água fria e, em sendo manuseada, toma a consistência de bala. Este é um dos sinais de que o cozimento chegou ao final.

Conforme já se comentou, o xarope vai perdendo água pela fervura, mostrando uma concentração de 60 a 70º Brix. Nesta concentração, observa-se que o aspecto do cozimento é o de formação de milhares de pequenas bolhas. É o ponto conhecido por "meladinho", conforme mostra o primeiro tacho da figura 20. Neste ponto, a ebulição torna-se agressiva e em muitos casos há a necessidade de acalmar o meio com o auxílio de uma pá de madeira ou escumadeira. Pela sequência do cozimento as bolhas pequenas vão dando lugar às bolhas grandes que surgem em maior número. Nesta condição, aliada a outras observações, tais como ponto de "bala", ponto de fio, descolamento fácil da massa das laterias do tacho e do fundo etc., chega-se ao final do cozimento. Depois de vários cozimentos, realiza-se transferência da massa para o batedor (figura 21).

Figura 20. Tacho com xarope em concentração

Figura 21. Transferência da massa cozida para o cocho de madeira

USO DO *BRANKIT*

Alguns engenhos de rapadura do nordeste brasileiro usam ainda o *brankit* e o óleo de mamona na fase final de concentração do xarope. O *brankit*, também conhecido por hidrossulfito de sódio ou dithionite de sódio, comercializado pela fórmula química $NA_2O_4S_2$, é um pó branco que foi muito usado na indústria açucareira há muitas décadas, com vistas a melhorar a cor do açúcar pelas suas boas propriedades redutoras.

A ação do *brankit* é explicada em parte pela formação do hidrogênio em estado nascente e em parte pela formação do sulfito de sódio. É sabido, entretanto, que os compostos resultantes da ação redutora do hidrogênio nascente voltam a se reoxidar quando expostos ao ar, escurecendo-se gradualmente o produto. O mesmo pode acontecer com os sulfitos. É notório um escurecimento gradual dos produtos elaborados com *brankit*.

É também conhecido, conforme mencionado, a ação inibidora do SO_2 nas reações dos açúcares redutores com aminoácidos com produção de produtos escuros. Essas reações são retardadas na presença do SO_2, mantendo a rapadura mais clara.

Com o aparecimento do enxofre, aplicado na forma de SO_2, os produtores das usinas de açúcar deixaram de usar o *brankit* na etapa do cozimento para obtenção da massa cozida. A dose aplicada nas usinas de açúcar era de aproximadamente 10g por hectolitro (100 litros) de massa cozida.

Entretanto, o seu uso não foi abandonado pelos engenhos de rapadura e, conforme informações e observações realizadas em alguns engenhos do Estado do Ceará, não vem sendo aplicado com critério quanto à quantidade.

Do ponto de vista alimentar, a presença do enxofre no açúcar branco, na rapadura e no açúcar mascavo pode ter suas restrições por parte dos nutricionistas. Daí a recomendação da substituição do *brankit* nas fábricas de rapadura pelo emprego de outras práticas operacionais, tais como o uso de lavagem da matéria-prima e o emprego de ácido fosfórico, além da cal.

Uso do óleo de mamona

O óleo de mamona tem sido também usado por muitos fabricantes de rapadura do nordeste brasileiro. Tem por finalidade dar uma certa oleosidade ao xarope altamente concentrado, diminuindo a sua aderência ao tacho, evitando queimaduras e caramelizações, com vistas a diminuir o transbordamento da massa pela forte ebulição que ocorre nesta fase final de cozimento. O óleo de mamona atua como um antiespumante, quebrando a tensão superficial das bolhas formadas, acalmando o meio. Este óleo tem sido usado no tacho de "ponto". Todavia, alguns engenhos usam a mamona pilada, que não reúne as boas qualidades para o uso na fabricação de rapadura pela presença de muitas toxinas nocivas em sua composição. Por se tratar de um óleo grosso, denso e viscoso, o óleo de mamona, também conhecido por óleo de rícino, tem sido indicado para fins industriais (lubrificação e iluminação) e medicinais (purgante, prisão de ventre e dores intestinais).

Como não se têm informações de como foi obtido o óleo de mamona disponível no mercado e mesmo dados sobre a sua conservação, é recomendável a sua não utilização pelos engenhos.

A rapadura elaborada com a adição do óleo de mamona e mesmo do *brankit* pode estar suscetível, depois de algum tempo de armazenagem, a odores desagradáveis e escurecimento.

O óleo de mamona ou de soja, que também vem sendo usado por alguns engenhos, pode ser substituído pela agitação manual ou mesmo mecânica. Esta agitação tem por objetivo acalmar a ebulição violenta, que geralmente ocorre nesta fase final da fabricação da rapadura pela quebra da tensão superficial das bolhas de ar formadas. Com esta prática pode-se evitar qualquer ocorrência de contaminação da rapadura elaborada.

O uso de quantidades menores de xarope no tacho de ponto favorece a obtenção da concentração final da massa de açúcar, dispensando adições de antiespumantes.

8.2.6 Resfriamento e agitação da massa cozida

As operações de resfriamento e bateção de massa cozida podem ser realizadas de várias maneiras. A forma mais tradicional é a de transferir, com o auxílio de uma concha, a massa de xarope quente para um cocho de madeira, onde é agitada com auxílio de uma régua de madeira ou espátula, até que se atinja uma condição satisfatória para se modelar a rapadura. Este processo é satisfatório para o caso de se produzir rapaduras de maior peso (600 a 1.200 g), pois haverá tempo para realizar a operação, conforme mostra a figura 22 (Município de São Benedito, Ceará).

A transferência da massa para pequenas bandejas, sem a retirada do tacho de ponto da fornalha pode prejudicar a cor da rapadura pela demora da operação. Como a retirada de massa é feita aos poucos, as últimas porções vão ter maiores temperaturas e estão mais suscetíveis à caramelização. A figura 23 mostra a produção de rapaduras de 25 g pelo sistema de três tachos fixos e agitação em bandejas (Fornalhas Banguê).

Para se evitar a caramelização ou queima do açúcar, é recomendável diminuir a intensidade do fogo na fornalha, prática esta observada em pequenos engenhos. Entretanto, não é usual quando se têm muitos tachos na linha da fornalha. A melhor alternativa está na retirada do tacho da linha de fogo (figura 24) e transferir a massa de açúcar para o cocho de madeira ou para pequenos vasos metálicos, cuias ou gamelas de madeiras (figura 25), ou mesmo para depósitos para a bateção mecânica. Este sistema é bom, pois a massa de açúcar não sofre mais a ação do fogo. O basculamento do tacho de ponto é uma boa alternativa para ser praticada, conforme já discutida na parte descrita do açúcar mascavo. Este sistema permite mais segurança aos operadores por ser inteiramente mecânico. Deve-se levar em conta que a retirada manual do tacho da linha de fogo da fornalha é sempre uma operação perigosa.

Assim, a fabricação de uma rapadura de melhor aspecto e de boa consistência, além dos muitos fatores já comentados, está na retirada total do tacho da ação do calor intenso ou do fogo.

A densidade da rapadura deve variar de 1,30 a 1,40g/cm^3. Partindo desta densidade, pode-se calcular o volume da forma de rapadura, conhecendo-se o comprimento, a largura e a sua altura. Multiplicando-se o volume, calculado em cm^3, pela densidade, tem-se o peso da rapadura. Por outro lado, conhecendo-se o peso da rapadura que se quer produzir e a densidade a ser utilizada, pode-se calcular o seu volume. Este volume, como se sabe, é dado pelo comprimento, largura e altura da forma. O valor da densidade, variável com o Brix, pode ser obtido na tabela 6. A massa de açúcar não mostra qualquer sinal de cristalização, embora alguns cristais de sacarose podem ser observados na superfície de algumas rapaduras depois de algum tempo de elaboração.

Figura 22. Cocho de madeira e moldagem da rapadura

Figura 23. Tipo de forma e rapadurinhas de 25g (Cascavel-CE)

Figura 24. Local da fornalha de remoção do tacho de ponto

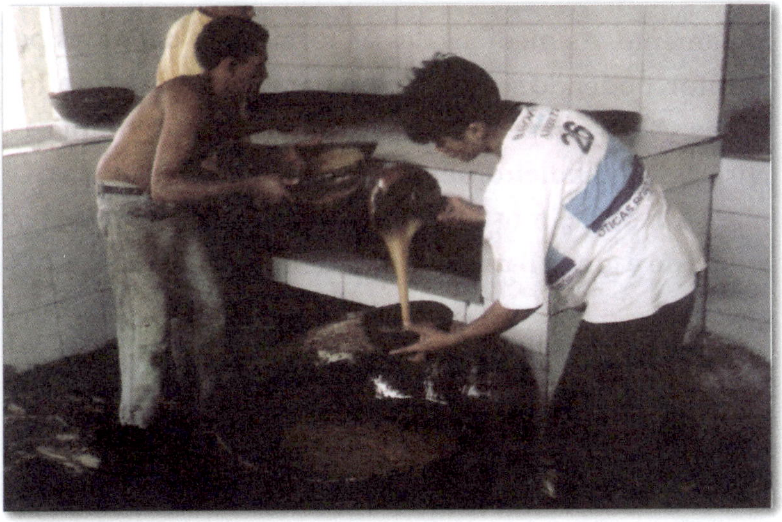

Figura 25. Local da fornalha de remoção do tacho de ponto

Pela operação de resfriamento e agitação, ao atingir uma temperatura entre 70 e 80°C, a massa de açúcar deve ser transferida para as formas de madeira, onde se solidifica rapidamente. As medidas dessas formas são definidas pelo produtor, podendo ser projetadas para um peso de 25 a 1.000 gramas. Após um período de 30 a 60 minutos retiram-se as divisórias do tabuleiro, deixando-se as rapaduras soltas.

A tabela 6 mostra a relação entre os valores de Brix, densidade e graus Baumé de uma solução de açúcar a 20°C.

TABELA 6

BRIX, DENSIDADE E BAUMÉ DE UMA SOLUÇÃO DE AÇÚCAR A 20°C*

Brix	Dens.	Bé.	Brix	Dens.	Bé.	Brix	Dens.	Bé.
0	1,0000	0,00	36	1,1583	19,81	72	1,3622	38,55
2	1,0078	1,12	38	1,1683	20,89	74	1,3750	39,54
4	1,0157	2,24	40	1,1785	21,97	76	1,3879	40,53
6	1,0237	3,35	42	1,1889	23,04	78	1,4010	41,50
8	1,0318	4,46	44	1,1994	24,10	80	1,4142	42,47
10	1,0400	5,57	46	1,2100	25,17	82	1,4276	43,43
12	1,0483	6,68	48	1,2208	26,23	84	1,4411	44,38
14	1,0568	7,79	50	1,2317	27,28	86	1,4548	45,33
16	1,0653	8,89	52	1,2428	28,33	88	1,4686	46,27
18	1,0740	10,00	54	1,2541	29,38	89	1,4751	46,73
20	1,0829	11,10	56	1,2655	30,42	90	1,4826	47,20
22	1,0918	12,20	58	1,2770	31,46	91	1,4896	47,66
24	1,1009	13,29	60	1,2887	32,49	92	1,4967	48,12
26	1,1114	14,39	62	1,3006	33,51	93	1,5038	48,58
28	1,1195	15,48	64	1,3126	34,53	94	1,5110	49,26
30	1,1290	16,57	66	1,3248	35,55	95	1,5181	49,49
32	1,1386	17,65	68	1,3371	36,55	100	1,5545	51,57
34	1,1484	18,73	70	1,3496	37,81			

Meade (1967)

Alguns produtores do Ceará, região do Cariri, resfriam a massa da rapadura em pequenos vasos metálicos que são colocados em tanques rasos de água fria (figura 26). Depois de algum tempo, a massa cozida contida nesses vasos é batida com uma espátula de madeira e transferida para as formas. Como a massa é colocada nas formas em condição de temperatura entre 55 - 60ºC, o seu resfriamento é rápido, podendo a rapadura ser desenformada logo em sequência à operação. O tempo de permanência nas formas é em função da temperatura da massa que se deseja enformar. Quanto mais quente for a massa, maior será o tempo de permanência nas formas. Outros produtores, região da Serra do Ibiapaba, Ceará, usam uma gamela ou cuia, construída em madeira (emburana) ao invés dos vasos metálicos (figura 27).

As formas de madeira de 8 a 10 unidades devem ser limpas adequadamente em tanques de água corrente. O mesmo deve ser feito quando se usam outros sistemas de formas: formas de 20 a 50 unidades, formas para rapadurinhas construídas em madeira, plástico, alumínio etc.

A operação de resfriamento da massa cozida pode ser feita também com o uso de batedores mecânicos. O uso de banho-maria com controle de temperatura pode permitir uma melhor condição para a colocação de rapadurinhas nas formas.

Os produtores mais cuidadosos enviam as rapaduras ao mercado consumidor devidamente embaladas em saquinhos plásticos, em papel celofane, em caixas de papel ou de madeira. Entretanto, tem sido comum, em mercados municipais, feiras livres, varejões e mercearias, a comercialização de rapaduras sem qualquer tipo de embalagem. A figura 28 mostra uma prática de armazenagem e expedição de rapadura recém-fabricada (engenhos do Estado do Ceará).

Figura 26. Tanques de resfriamento de massa cozida

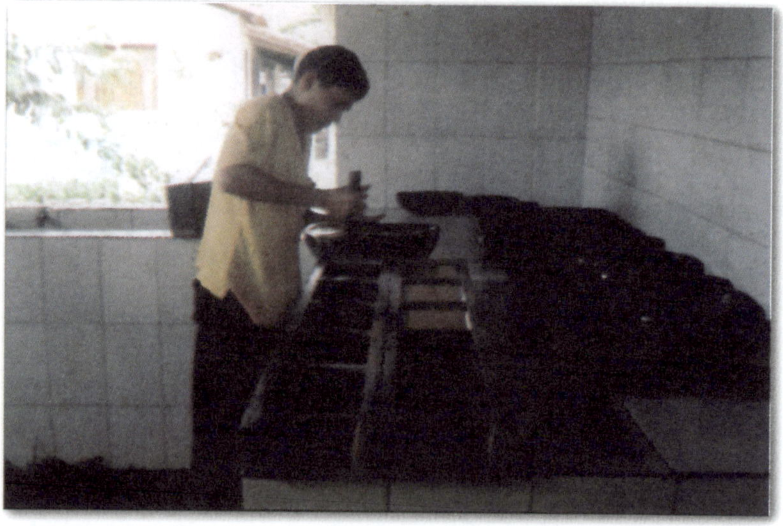

Figura 27. Colocação da massa cozida nas formas de madeira

Figura 28. Tipo de armazenagem de rapadura e expedição

8.3 CUIDADOS ESPECIAIS NA FABRICAÇÃO DE RAPADURA

Devido à grande complexidade da composição do caldo de cana-de-açúcar, alguns cuidados devem ser tomados pelos produtores de rapadura, a saber:

a) utilização de cana-de-açúcar com um bom índice de sacarose e baixo teor de açúcar redutor, ou seja, uma matéria-prima rica em sacarose;
b) lavar a matéria-prima com água limpa;
c) praticar uma rigorosa limpeza e purificação do caldo, a mais completa possível;
d) manter uma constante agitação do caldo e do xarope durante as fases de elaboração, para que não ocorram

superaquecimentos localizados, favorecendo a inversão e destruição da sacarose. Com um forte aquecimento, o xarope altamente concentrado pode se carbonizar, incorporando-se na rapadura resíduos escuros.

e) concentrar o xarope até um ponto que permita obter a rapadura com uma umidade inferior a 5%;
f) efetuar o acondicionamento individualizado das rapaduras;
g) manter as rapaduras em ambiente seco e ventilado, com umidade relativa do ar inferior a 65%. É recomendável manter no piso uma pequena camada de cal próximo às prateleiras onde ficam as rapaduras, o que contribui para deixar mais seco o local. As rapaduras devem ficar distantes das paredes do depósito;
h) em ambientes úmidos ocorre troca de calor entre a rapadura e o ambiente, com aumento dos açúcares redutores, diminuição do teor de sacarose e aparecimento principalmente de fungos, leveduras e bactérias;
i) a rapadura, sendo embalada a quente, tende a se deteriorar pela umidade interna que aparece nas embalagens;
j) as rapaduras com umidade superior a 5% devem ser consumidas em tempo menor, pois esta, sendo elevada, causa escurecimento mais intenso, além de facilitar o amolecimento e o aparecimento de fungos;
k) descartar as rapaduras que mostram sinais de deterioração, sendo visíveis o recobrimento de suas superfícies com vestígios de fungos, leveduras e, provavelmente, de bactérias.

É importante salientar que a cor final da rapadura é em função da qualidade do caldo, ou seja, de sua composição química, a qual é bastante variável. A natureza e quantidade dos pigmentos é também outro fator determinante da coloração. A presença de ferro, dos açúcares redutores em maior quantidade, da umidade em valores mais elevados e de nitrogênio, na forma de aminoácidos, também promovem reações que afetam a qualidade da rapadura e mesmo do açúcar mascavo. Assim, o ferro reage com substâncias polifenólicas existentes na cana, principalmente na sua parte apical, constituídas pelo amido, sacaretina e antocianina, produzindo compostos coloridos e escuros, conhecidos por melanoides. Os açúcares redutores, constituídos por glicose e frutose, reagem com aminoácidos, produzindo produtos de natureza escura e com certo odor. Essas reações, estimuladas pela alta umidade ambiental e dos produtos, são as responsáveis pela natureza escura da rapadura, durante a sua armazenagem por um maior período de tempo.

8.4 RAPADURAS MISTAS

Alguns produtores gostam de elaborar rapaduras mistas, que se caracterizam por terem, em sua composição, amendoim, abóbora, mamão, coco, leite etc. Para o caso do amendoim, este deve ser torrado antes de sua adição à massa de rapadura em sua fase de resfriamento. O mesmo critério deve ser usado para o coco. No caso da abóbora e do mamão, estes produtos devem ser primeiramente ralados e acrescentados na fase de evaporação.

Na Colômbia, alguns produtores adicionam na massa cozida de rapadura, antes de se dar o ponto final na base de 0,5 a 1,0 g/kg de massa, sucos de limão, laranja, canela, anis etc. São sabores que modificam o gosto das rapaduras. No Brasil, este procedimento não é permitido pela legislação.

8.5 RENDIMENTO PRÁTICO

O rendimento, em termos de kg de rapadura por tonelada de cana-de-açúcar, é em função da riqueza da matéria-prima usada e da eficiência das operações, tais como moagem e descarte das impurezas nas fases de purificação e evaporação. Todavia, pode-se estimar uma produção variável de 70 a 100 kg por tonelada de cana-de-açúcar, para uma extração da ordem de 50%.

Uma maneira prática para se estimar a quantidade de rapadura a obter para um determinado peso de caldo é através da Pol ou do seu teor de açúcar aparente. Como é difícil conhecer a Pol, o teor de Brix pode ser usado. Assim, para 100 litros de caldo a um Brix de 20% pode se obter aproximadamente 20 Kg de rapadura. Evidentemente, para um menor teor de Brix ter-se-á também o menor peso de rapadura.

Dados considerados

a) Peso de cana-de-açúcar (Pc) .... 1.000 kg
b) Peso de caldo extraído (Pce) .... 500 kg
c) Brix do caldo extraído .... 20°
d) Remoção de caldo e impurezas 10%
e) Brix da massa da rapadura determinado
   pela temperatura final .... 90°
f) Perdas finais (Pf) 2%

Dados calculados

a) Peso de caldo removido (Sistema de concha)
   Pcr = 500 x 10 / 100 = 50 kg

b) Peso de caldo a evaporar
   Pce = 500 – 50 = 450 kg

c) Peso de xarope final
Pxa = 450 x 0,98 = 441 kg

d) Peso de rapadura enformada
Pr = 441 x 20 / 90 = 98 kg

Obs.: Esses dados estão baseados nas condições numéricas consideradas.

Alterando-se as condições consideradas, o peso da rapadura ou mesmo do açúcar mascavo pode também sofrer as devidas variações. As fórmulas aplicadas para este cálculo são as seguintes:

1. Peso de caldo e impurezas removidas (Pcr)
   Pcr = Pce x % R / 100

   Onde,
   % R = Porcentagem de remoção do caldo sujo ou lodo

2. Peso de caldo a evaporar (Pce)
   Pce - % R

   Onde,
   Pce = Peso de caldo extraído, em kg

3. Peso de xarope final
   Pxa = Pcev x (100 - Pf) %

   Onde,
   Pcev = Peso de caldo a evaporar

4. Peso de rapadura enformada (Pr)
   Pr = Pce x Bc / Br

   Onde,
   Pce = Peso do caldo a evaporar, em kg
   Bc = Brix do caldo extraído
   Br = Brix da massa de rapadura

Obs.: Como o Brix representa a porcentagem de sólidos solúveis medidos aerometricamente, esses valores são considerados apenas como aproximados dos sólidos obtidos por processos mais precisos (processos por dessecação: sólidos reais). As perdas de caldo ou xarope por expulsão durante a evaporação, por aderência nos tachos e utensílios, por evaporação complementar durante a bateção e resfriamento da massa e outras perdas poderão diminuir o peso da rapadura enformada. No exemplo, estimou-se essas perdas finais (Pf) em 2%.

8.6 EMBALAGENS E CONSERVAÇÃO DA RAPADURA

Pelos dados pesquisados e experiências realizadas verifica-se que os grandes problemas do produtor de rapadura estão na embalagem, conservação e comercialização.

Quanto à embalagem, existem várias opções para o produtor, podendo se usar saquinhos plásticos, caixas de papel tipo triplex, papéis comuns para embrulho, palha de milho, filme transparente de PVC e outros tipos. Qual seria a opção indicada? É evidente que a opção indicada é aquela que garanta a boa conservabilidade da rapadura, com menores despesas, para o produtor, sendo que, para um consumo mais rápido, o uso da embalagem plástica é recomendado, mas num período maior, podem ocorrer bolores na superfície da rapadura, já que o plástico não permite o contato da rapadura com o meio externo. Evidentemente, uma rapadura com baixo teor de açúcar redutor e baixa umidade (menos do que 5%) terá melhores condições para ser acondicionada neste tipo de embalagem. Outra opção é realizar furos no saquinho para permitir a entrada de ar. Uma boa opção é realizar a embalagem a vácuo, mas não é praticada pelos produtores de rapadura. A embalagem com palha de milho é boa, mas não parece viável em grande escala. O uso da caixa de papel, tipo triplex nos seus diferentes tamanhos tem sido também praticado.

O uso de potes de plástico para a manutenção de rapaduras soltas é também outra opção, podendo ocorrer, entretanto, atritos entre as rapaduras, prejudicando a aparência do produto.

Em qualquer dos casos, para efeito de comercialização, o produtor de rapadura deve tomar algumas iniciativas, hoje, de exigências de mercado. Assim, as rapaduras devem ser embaladas individualmente e estar bem caracterizados na embalagem: nome da empresa, endereço, números de registros, composição básica etc. E, modernamente, até o código de barra tem sido uma exigência dos compradores.

Em relação à conservação, é importante que as rapaduras fiquem em locais ventilados e secos, distantes do piso dos depósitos e de suas paredes. O uso da cal espalhada no piso torna o ambiente mais seco. O produtor deve armazenar a sua rapadura em prateleiras de madeira e manter o local fechado quando a umidade relativa do ar (período de chuvas) seja superior a 65%-70%.

Para prevenir a presença de microrganismos na rapadura, como de fungos, leveduras e bactérias, alguns produtores usam o sorbato de potássio na proporção de 0,02 a 0,03% em relação ao peso final de massa de açúcar ou de 0,02 a 0,03 g por 100 g de rapadura. A sua aplicação pode ser feita na parte final da concentração, antes da tiragem para o batedor. O sorbato de potássio é um sal, de cor branca, apresentando-se na forma de pó ou na forma granulada. É solúvel em água e na massa de açúcar. Este produto é encontrado nas lojas que comercializam materiais para fábricas de doces e sorveterias.

Outro ponto merecedor de cuidados é o transporte da rapadura para os consumidores. O uso da caixa de papelão é recomendado para pequenas quantidades, mas o uso de caixas de madeira para pesos maiores de 5 kg dá maior segurança ao produto transportado.

8.7 CUIDADOS ESPECIAIS DE SEGURANÇA

Como a fabricação da rapadura e mesmo do açúcar mascavo envolvem operações em que as temperaturas são elevadas e presença também do fogo, recomenda-se que os operadores trabalhem com luvas, roupas mais grossas (camisas e luvas) e botinas. Com isso, pode-se evitar respingos de caldo e de xarope quente e consequentes queimaduras do operador.

As operações devem ser feitas com paciência e sem pressa. É importante que se procure instalar os equipamentos que permitam um melhor manuseio das operações.

O uso de extintores de incêndio é atualmente uma exigência oficial para a liberação do funcionamento de uma fábrica.

Capítulo 9

ELABORAÇÃO SIMPLIFICADA DA RAPADURA

A COLHEITA DA matéria-prima, a lavagem das canas, a moagem, a clarificação do caldo, a evaporação e o cozimento, a bateção e o resfriamento da massa de xarope e a enformação ou moldagem constituem as principais fases da fabricação da rapadura, descritas a seguir com algumas ilustrações, reproduzindo-se o trabalho de um pequeno produtor.

01. COLHEITA DA MATÉRIA-PRIMA

Constitui a primeira operação a ser praticada pelo produtor. Este deve cortar diariamente ou a cada dois dias apenas a quantidade de cana-de-açúcar que vai processar no dia seguinte.

Este desponte evita levar para o tacho muitas impurezas solúveis (gomas, amido etc) que podem prejudicar a quantidade e a qualidade da rapadura.

Para a presente elaboração foram colhidos 200 colmos de cana-de-açúcar, que foram transportados à tração animal até o galpão de moagem. Os pesos dos colmos colhidos e do caldo obtido pela moagem, calculados por amostragem pelo uso de uma balança mecânica foram os seguintes:

a) peso de cada colmo .... 1,5 kg
b) peso de todos os colmos .... 300 kg
c) peso de caldo extraído .... 150 kg

02. Lavagem dos colmos

As canas descarregadas no galpão foram mergulhadas num pequeno tanque, de forma retangular, cheio de água, onde foram lavadas com auxílio das mãos, protegidas por luvas.

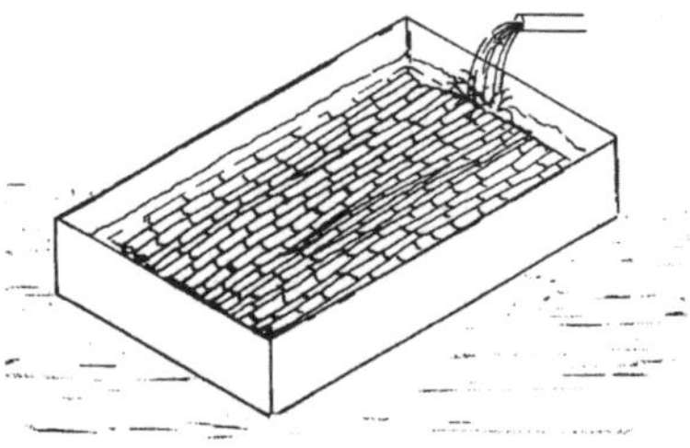

Após esta operação, essas canas iam aos poucos sendo amontoadas em local próximo à entrada da moenda para a moagem.

Esta operação certamente melhorou a qualidade da matéria-prima avaliada pelo aspecto das canas após esta operação e mesmo pela cor da água de lavagem.

03. Limpeza dos equipamentos e instalações

A moenda, o tacho, as formas e demais acessórios foram previamente lavados com água.

As instalações civis, constituídas pelo galpão de moagem, sala de manipulação e de embalagem também foram limpas, inclusive os acessórios de uso diário nas diversas fases de elaboração da rapadura, tais como guardanapos, rodos, escumadeiras, conchas, espátulas, luvas, depósito de lodo ou resíduos, panos de chão etc.

Esta operação pode ser feita tanto no período da tarde como no decorrer do dia. As canas, estando bem maduras, devem ser cortadas bem rente ao solo e bem despontadas.

04. Moagem

A fabricação da rapadura se iniciou com a moagem às 7h da manhã.

A moenda estava em ordem e adequadamente lubrificada. As canas em número de 4 a 8 unidades foram apanhadas com

as mãos e colocadas na bica da entrada do terno da moenda onde passaram por dois esmagamentos, sendo o primeiro entre o rolo de entrada e o superior e o segundo entre o superior e o rolo de saída. Como estas canas foram colocadas na forma inteira, dada a pequena quantidade, o retorno do bagaço para uma nova moagem permitiu extrair mais um pouco de caldo e melhorar o rendimento.

Para o trabalho de moagem, foi usada uma moenda com acionamento elétrico, medindo 6"x9", dimensões estas relacionadas ao diâmetro e ao comprimento dos cilindros.

O caldo resultante da moagem foi fluindo através de uma tubulação de plástico de 2" para o tacho de elaboração, passando-se antes por uma peneira de malha bem fina.

O bagaço resultante foi espalhado numa área próxima e ao sol para secagem e posterior uso como combustível.

Para se saber os dados de extração e de rendimento da moagem o produtor fez uma amostragem de 10 colmos que pesaram 15 kg. Após a moagem, o peso de caldo extraído com o repasse do bagaço acusou um valor de 7,5 kg, indicando ao produtor uma extração em termos de peso de caldo por peso de cana da ordem de 50%, dado este considerado muito bom.

05. AQUECIMENTO E CLARIFICAÇÃO DO CALDO

Após moagem e com o tacho quase cheio, o produtor tomou uma pequena amostra de caldo e mediu o seu Brix com um areômetro. O valor encontrado foi de 20°, considerado por ele também muito bom.

Dando sequência às operações, a fornalha foi logo sendo aquecida pelo ateamento do fogo no seu combustível, inicialmente constituído de material de fácil queima, tais como: bagaço seco, papelão, sabugo de milho, serragem, gravetos etc.

A fornalha, neste engenho, foi construída com tijolos comuns, usando-se saibro e melado como massa de assentamento.

O tacho, usado para o aquecimento e concentração, foi construído na forma redonda e com chapas de ferro na espessura de 2 mm e para um volume de aproximadamente 200 litros de caldo.

Em função da maior incidência dos gases quentes, resultantes da queima do combustível na fornalha, observou-se que o caldo ia tendo a sua temperatura se alterando com rapidez, atingindo a cada minuto valores mais elevados.

Nesta condição, observou-se também que o caldo passou a mostrar pequenas bolhas de ar e uma grande aglutinação das impurezas, constituídas de bagacinho, folhas, ceras, proteínas, pequenos gravetos e demais impurezas leves.

Nesta fase, o operador iniciou a remoção dessas impurezas, conhecidas na prática como borra, lodo ou tiborna. Essas impurezas foram colocadas com auxílio de uma concha num depósito para posterior uso como alimento de animais ou na formação de adubos orgânicos.

O caldo, após esta limpeza, foi mostrando-se límpido, claro e com uma cor amarelada, cor esta muitas vezes relacionada com o tipo de cana colhida para a moagem.

Esta limpeza, realizada de maneira simples e bem natural, pode ser também realizada com o uso da cal, do bicarbonato de sódio, das mucilagens vegetais (bálsamo, mutamba etc).

O caldo, após passado por esta limpeza, foi se concentrando pelo uso de um fogo mais intenso. A fornalha era sempre alimentada com bagaço e alguns paus de lenha, para manter o fogo sempre forte e não se ter um enfraquecimento na fervura do caldo.

Na presente elaboração, o volume de caldo sujo ou lodo removido foi equivalente a 10% do peso inicial, restando-se para o final aproximadamente 135 kg de caldo limpo a 20° Brix.

06. EVAPORAÇÃO DO CALDO

O caldo, à medida em que foi perdendo água pela concentração, mostrava uma maior consistência, sendo periodicamente mexido para se evitar eventuais caramelizações pelo contato com o fundo do tacho.

Na grande prática, essas fases de concentração vão mostrar produtos conhecidos por meladinho, xarope fraco, melado, xarope forte etc. O tempo gasto nesta fase foi de aproximadamente 100 minutos.

Neste período de tempo, o operador foi acertando os acessórios para as operações finais e procurando remover algumas impurezas que se aglutinam na superfície do caldo.

07. CONCENTRAÇÃO DO CALDO

Quando a concentração mostrou-se bem forte, o operador experimentou alguns artifícios práticos para definir o ponto final de tiragem da massa de xarope para obtenção da rapadura.

A primeira iniciativa foi a de colocar algumas gotas do xarope num prato com água e manuseá-las com os dedos. A bala obtida neste caso estava bem mais consistente, definindo o operador esta condição para a retirada da massa de xarope do tacho.

Em geral, a bala obtida, após algumas amostragens, pode mostrar variações na consistência, consistência esta que pode também determinar a obtenção de uma rapadura mais mole ou mais dura.

O operador observou também que as bolhas eram grandes e de formação lenta e concluiu que esta era mais uma condição do ponto final para a retirada da massa do xarope do tacho.

Neste ponto, com a fornalha mostrando um fogo bem brando, o xarope foi transferido para o batedor com auxílio de uma concha. O tacho recebeu, após o descarregamento, um bom volume de água para que não sofresse danos pela incidência dos gases quentes que ainda eram produzidos na fornalha.

08. Resfriamento e bateção da massa do xarope

O batedor usado nesta elaboração da rapadura foi feito de madeira e na forma de um cocho e se mostrou muito prático para o resfriamento da massa de xarope.

Pelo uso deste batedor, o produtor, com auxílio de uma espátula de madeira, foi revolvendo a massa de açúcar com a finalidade de resfriá-la pelo contato do ar frio que penetra nos sulcos formados nesta mesma massa. Esta massa, por este revolvimento, foi adquirindo uma forma mais consistente pela perda de temperatura. Neste ponto, a massa numa condição bem mais pastosa e mais fria foi transferida para as formas. Foi observado pelo produtor que caso se enforme a rapadura com uma massa muito quente, esta pode mostrar trincas e muitos pontos brancos e, ao contrário, enformando-se a massa numa temperatura mais baixa, a superfície da rapadura mostra-se rugosa e difícil de ser alisada.

09. Enformação

Para a enformação ou moldagem da rapadura, o produtor montou uma grade de madeira constituída de 7 sarrafos de 3 cm de altura por 3 cm de largura e por 120 cm de comprimento, dotados ainda de pequenos entalhes nas laterais a cada 16 cm.

O produtor, com auxílio de uma concha, foi despejando a massa de xarope batido e resfriado nos espaços formados pelos sarrafos. Após completado o quadro, chapinhas de ferro galvanizado foram colocadas entre os sarrafos, delimitando-se o tamanho das rapaduras.

Pelo uso dos 150 kg de caldo, extraídos pela moagem dos 300 kg de cana, o produtor obteve 36 rapaduras de excelente aspecto com um peso aproximado de 750 gramas por unidade. O peso das rapaduras totalizaram 27 kg, o que lhe permitiria pela moagem de 1.000 kg de cana um rendimento de 90 kg por tonelada.

10. Embalagem

A massa de xarope, após transferida, foi mantida pelo produtor nas formas até o seu completo resfriamento.

Atingindo este ponto, as divisórias foram retiradas e os sarrafos também removidos. Em sequência as rapaduras foram colocadas na posição vertical para acelerar a secagem e o resfriamento.

A seguir foram transferidas para outra mesa onde, após bem frias, foram embaladas em papel plástico bem fino e aderente. O produtor usava luvas nas mão para o manuseio das rapaduras.

As rapaduras obtidas por este produtor são comercializadas no mercado municipal do município e em seu sítio.

11. Operações finais

As operações envolvendo todas as etapas descritas foram iniciadas às 7 horas e dadas por terminadas às 14 horas, quando todos os equipamentos, acessórios e instalações já estavam lavados e em condições para um novo turno de produção programado para o dia seguinte.

As águas de lavagem dos acessórios de contato com a massa de xarope e com a rapadura contendo resíduos adocicados foram dadas aos animais.

12. Comentários

As operações descritas se referem ao trabalho de um pequeno produtor que processa de forma artesanal de 20 a 40 kg de rapadura por dia e comercializa sua produção no seu município.

Entretanto, foi alertado a este produtor que no caso de se querer a sua produção nos grandes supermercados, o mesmo deve adequar suas instalações civis de manipulação da rapadura às condições estabelecidas pelo código sanitário e buscar orientação da secretaria de obras e da saúde do município. Foi alertado a este produtor a necessidade do uso de piso de cerâmica, de paredes com azulejo até 2 m, de telas de proteção nas janelas e teto, nas salas de manipulação de rapadura, além de sanitários adequados.

Capítulo 10

COMPOSIÇÃO QUÍMICA E TECNOLÓGICA DO AÇÚCAR MASCAVO E DA RAPADURA

OS COMPONENTES DE natureza orgânica e mineral da cana-de-açúcar, conforme mostram as tabelas 2-1 e 2-2, são em sua maior parte extraídos pelas moendas. Os de natureza orgânica, tais como a sacarose, a glicose, a frutose e outros são extraídos, quando se usam vários ternos de moenda, em proporção superior a 80%. Os minerais, de modo geral, são extraídos em quantidades variando de 50 a 80% ; poucos componentes ficam no bagaço. As maiores extrações de sacarose e de minerais estão relacionadas ao uso de vários ternos. Entretanto, para o caso dos pequenos engenhos de açúcar mascavo e de rapadura, onde se tem apenas uma moenda com duas compressões, a extração está em torno de 50%, ocorrendo, neste caso, extrações proporcionais de todos os componentes da cana-de-açúcar em moagem.

Contudo, é importante salientar que, apesar da baixa extração dos componentes da cana-de-açúcar, as tecnologias empregadas na elaboração do açúcar mascavo e da rapadura preservam praticamente nesses produtos os componentes extraídos, conferindo-lhes altas características nutricionais. Esses produtos são bastante superiores ao açúcar cristal branco ou de refinaria que se caracteriza apenas pelo seu poder adoçante e energético, trazendo em sua composição apenas a sacarose e alguns traços de cálcio e ferro.

É importante salientar que na composição da rapadura e do açúcar mascavo (tabela 7), componentes analisados têm os seus valores relacionados com a umidade do produto. Para o açúcar mascavo amorfo quando o mesmo é secado ao ar, a sua umidade varia de 5 a 6%. Com o uso de secador, do tipo empregado pelas usinas açucareiras, a umidade é reduzida para 1 a 1,5%. O mesmo ocorre para o açúcar cristalizado que, apesar de ser obtido com o uso de uma centrífuga, tem a sua umidade variando de 2,0 a 3,0%. Pela secagem ao ar ou com uso de secador, a umidade deste açúcar cristalizado pode ser reduzida a menos de 1%. A rapadura, em relação à umidade, mostra um valor de 5 a 8%. Esta umidade é em função do processo de fabricação. Empregando-se uma maior concentração, a umidade pode ser reduzida a menos de 5%. No caso de umidade bem baixa, variando de 1,0 a 3,0%, a rapadura vai ficar muito dura e pode não ser do agrado do consumidor. Para amostras com baixa umidade os valores de Brix, Pol, Açúcares redutores e de cinzas serão, evidentemente, maiores.

A tabela 7 dá uma ideia aproximada da composição tecnológica da rapadura e do açúcar mascavo amorfo produzidos pelos autores na ESALQ; o açúcar mascavo cristalizado foi produzido em Manhuaçú.

A tabela 8 foi preparada com dados da literatura e mostra os diferenciais de composição entre a rapadura, açúcar mascavo amorfo e açúcar refinado.

Tabela 7
Composição tecnológica da rapadura e açúcar mascavo

Componentes (%)	Rapadura	Açúcar mascavo cristalizado	Açúcar mascavo granulado
Brix	92,00	97,00	94,50
Pol	81,00	94,00	84,00
Redutores	7,00	2,00	6,00
Cinzas	0,70	-	0,80
Umidade	6,50	2,50*	5,00*

** Sem uso de secador*

Tabela 8
Composição química da rapadura, açúcar mascavo e do açúcar refinado

Componentes (%)	Rapadura	Açúcar mascavo cristalizado	Açúcar mascavo granulado
Sacarose	75,00 - 84,00	78,00 - 84,00	99,60
Glucose	2,50 - 3,50	2,00 - 3,50	-
Frutose	2,50 - 3,50	2,00 - 3,50	-
Minerais em mg / 100 g			
Potássio	60 a 300	60 a 400	3 a 5
Cálcio	50 a 300	50 a 350	10 a 15
Magnésio	30 a 60	35 a 80	-
Fósforo	30 a 100	30 a 80	0,3
Sódio	30 a 80	40 a 70	-
Ferro	2 a 8	4 a 10	0,1
Manganês	1 a 4	1 a 5	-
Zinco	1 a 3	1 a 4	-

Continua na próxima página

Tabela 8
Continuação

Componentes (%)	Rapadura	Açúcar mascavo cristalizado	Açúcar mascavo granulado
Vitaminas e proteínas em mg / 100 g			
Vitamina A	3,80	-	-
Vitamina B1	0,01	0,14	-
Vitamina B2	0,06	0,14	-
Vitamina B6	0,01	0,40	-
Vitamina C	7,00	38,00	-
Vitamina E	111,00	-	-
Proteína	280,00	-	-

Capítulo 11

QUALIDADES NUTRICIONAIS DO AÇÚCAR MASCAVO E DA RAPADURA

O AÇÚCAR MASCAVO e a rapadura ocupam, dentre as diversas formas de açúcares disponíveis no mercado, uma posição inigualável. Esses produtos trazem em sua composição, conforme pode ser avaliado pelos dados da tabela 8, elementos essenciais ao organismo humano, tanto os de natureza orgânica quanto minerais.

No grupo dos orgânicos destacam-se a sacarose, a glucose e a frutose que, consumidos pelo organismo humano, vão lhe oferecer energia necessária às suas atividades. Esses açúcares são desdobrados no organismo em açúcares simples, glicose, produzindo, após várias oxidações, energia, CO_2 e H_2O. Desses três componentes, a energia produzida é a que dá força ao organismo e sustentação à vida. O CO_2 é removido pelos pulmões e a água não utilizada pelo corpo é eliminada pelos rins, pele e pulmões (Andrade & Camargo – 1984).

Do ponto de vista energético, pode-se dizer que cada grama de açúcar fornece quatro calorias. Conhecendo-se o teor de açúcares totais do açúcar mascavo e rapadura, basta multiplicar este teor por 4 e ter-se-á o valor das calorias do produto.

É evidente que esses produtos, do ponto de vista da nutrição, levam vantagem em relação aos produtos similares, pois mostram em sua composição muitos minerais e vitaminas.

A importância desses elementos pode ser assim resumida:

Cálcio

O papel do cálcio no organismo humano está relacionado a reações pertinentes à formação e manutenção dos ossos. Os ossos, uma vez formados, com a colaboração do fósforo e do magnésio, são considerados os depósitos de cálcio para as necessidades do corpo. A dentina e o esmalte dos dentes mostram grandes quantidades de cálcio, fósforo e outros elementos. Ao cálcio se atribui, ainda, atividades controladoras do sistema nervoso e de contrações musculares indesejáveis.

Ainda, segundo ANDRADE & CAMARGO (1984), as deficiências de cálcio no organismo resultam em raquitismo e osteoporose tornando, neste último caso, os ossos mais porosos e quebradiços.

O consumo da rapadura e do açúcar mascavo contribui para a diminuição desses problemas.

Ferro

A rapadura, o açúcar mascavo e o melado trazem, em sua composição, o ferro, em teor computado pela soma do existente no caldo extraído da cana-de-açúcar e do resultante do desgaste das moendas e dos tachos de elaboração.

O ferro, ao lado do fósforo, faz parte da estrutura das células do corpo. O ferro está presente na hemoglobina, pigmento vermelho do sangue; está também relacionado com as atividades de enzimas do organismo humano.

A presença do ferro na alimentação é importante, principalmente das mulheres em gestação. A falta de ferro, nesses casos, pode causar anemia. A anemia pode ser notada após perdas de sangue por acidentes, cirurgias ou pacientes com úlceras. Nessas condições, o sangue não fornece o oxigênio necessário às reações e a pessoa pode ficar cansada, pálida e com pouca resistência.

A rapadura e o açúcar mascavo, embora com baixo teor de ferro, podem contribuir para amenizar esses problemas.

Fósforo

O fósforo, associado ao cálcio e magnésio, tem funções importantes no metabolismo humano, contribuindo para a boa formação dos ossos e reações de desdobramento dos carboidratos.

Magnésio

O magnésio no organismo humano tem função nas reações que intervém no sistema nervoso, atuando como excitador do sistema muscular. Atua como o ativador em várias enzimas, como a fosfatose do sangue.

Potássio

Ao potássio é atribuído funções de manutenção do equilíbrio dos líquidos intramoleculares. Tem função também no desenvolvimento do sistema nervoso e muscular.

Vitaminas

As vitaminas são compostos químicos de matéria orgânica e que desempenham funções importantes no desenvolvimento do organismo humano.

As vitaminas mais estudadas e referenciadas pela literatura são as seguintes:

Vitamina "A"

É atribuída à vitamina "A" a responsabilidade pela formação da estrutura normal dos ossos e dentes, pela manutenção dos tecidos epiteliais, camadas da pele e membranas das mucosas. Uma pessoa com deficiência de vitamina A tem problemas de visão no período noturno. Esta vitamina, presente no caldo extraído da cana-de-açúcar, não tem o seu teor diminuído pelo efeito da concentração do caldo.

Vitamina "D"

A vitamina D, embora não identificada na amostra de rapadura, é importante para a absorção do cálcio e do fósforo pelo organismo, principalmente nas reações produzidas no intestino. É importante para as reações de calcificação dos ossos.

Vitamina "C"

À vitamina C são atribuídas funções nas reações de construção dos tecidos chamados cimentantes. Assume papel importante na união de células dos diferentes tecidos. É importante também para a absorção do cálcio no organismo. Tem funções de proteção contra infecções e é essencial na cicatrização de ferimentos.

VITAMINAS DO COMPLEXO "B"

As vitaminas do complexo "B", compostas pela B1, B2 e B6 estão presentes na rapadura, açúcar mascavo e melado em pequenas quantidades.

Essas vitaminas assumiram papel importante nas reações atinentes à saúde dos nervos, do apetite e da digestão.

A deficiência dessas vitaminas pode ocasionar no geral: fadiga, falta de apetite, problemas intestinais, problemas de visão, ruptura de pele, diarreias etc.

OBSERVAÇÕES

As qualidades nutricionais da rapadura têm sido motivo de comentários no mundo inteiro. A importância da rapadura como um complemento da alimentação tem levado muitos países a desenvolverem programas de produção para o consumo das populações mais carentes. A produção e o consumo da rapadura têm sido bastante grande na Índia, no Paquistão, na Colômbia e em alguns países asiáticos. O Brasil vem ocupando, segundo a literatura colombiana, o 10º lugar na produção e consumo deste produto.

Para o Brasil, seria importante o desenvolvimento de programas sociais com vistas à adição da rapadura nas cestas básicas de alimentação e na merenda escolar. Pela sua riqueza em açúcar, minerais e vitaminas, a rapadura, segundo a literatura colombiana, supera em qualidade o mel de abelha. Entretanto, como se trata de um produto açucarado, é bom lembrar que o seu consumo deve ser feito no dia a dia de forma moderada, assim como o de todos os demais produtos que contenham açúcar.

Capítulo 12

PRODUÇÃO DE MELADO

O MELADO, AO lado do açúcar mascavo e da rapadura, constitui um produto de boa aceitação pelos consumidores e de importância econômica em várias regiões do Brasil.

O melado pode ser definido como sendo um xarope de caldo de cana-de-açúcar, concentrado dentro de uma faixa de 74 a 78° (Brix, purificado e livre das impurezas grosseiras em suspensão. A retirada das impurezas é conseguida pela aplicação das mesmas técnicas de limpeza empregadas para a produção do açúcar mascavo e da rapadura.

Para se evitar a cristalização da sacarose presente no melado, o teor de açúcares redutores constituídos por glucose e frutose, deve ser superior a 25%. Para que este teor de açúcares redutores seja constatado no melado, este deve receber um tratamento prévio com ácidos ou enzimas, visando uma maior inversão da sacarose.

Tem sido usual o produtor de melado deixar a matéria-prima (cana-de-açúcar) cortada e depositada no barracão ou no campo por alguns dias, com o objetivo de provocar a inversão da sacarose. De fato, nesta condição, a sacarose se inverte parcialmente passando a ter um maior teor de açúcar redutor. O caldo de cana extraído nessas condições mostra um maior teor de açúcar redutor e acidez, apresentando gosto e cheiro desagradáveis.

A presença de microrganismos nas canas velhas é responsável pela deterioração e inversão da sacarose. Nessas condições, o melado não sai de boa qualidade, mesmo porque o caldo extraído dessas canas não clarifica bem. Daí a necessidade de se usar, para a produção do melado, canas maduras e recém-cortadas, conforme é previsto na fabricação do açúcar mascavo e da rapadura, produzindo a inversão com o emprego de ácido cítrico, tipo alimentício.

12.1. FLUXOGRAMA DA FABRICAÇÃO

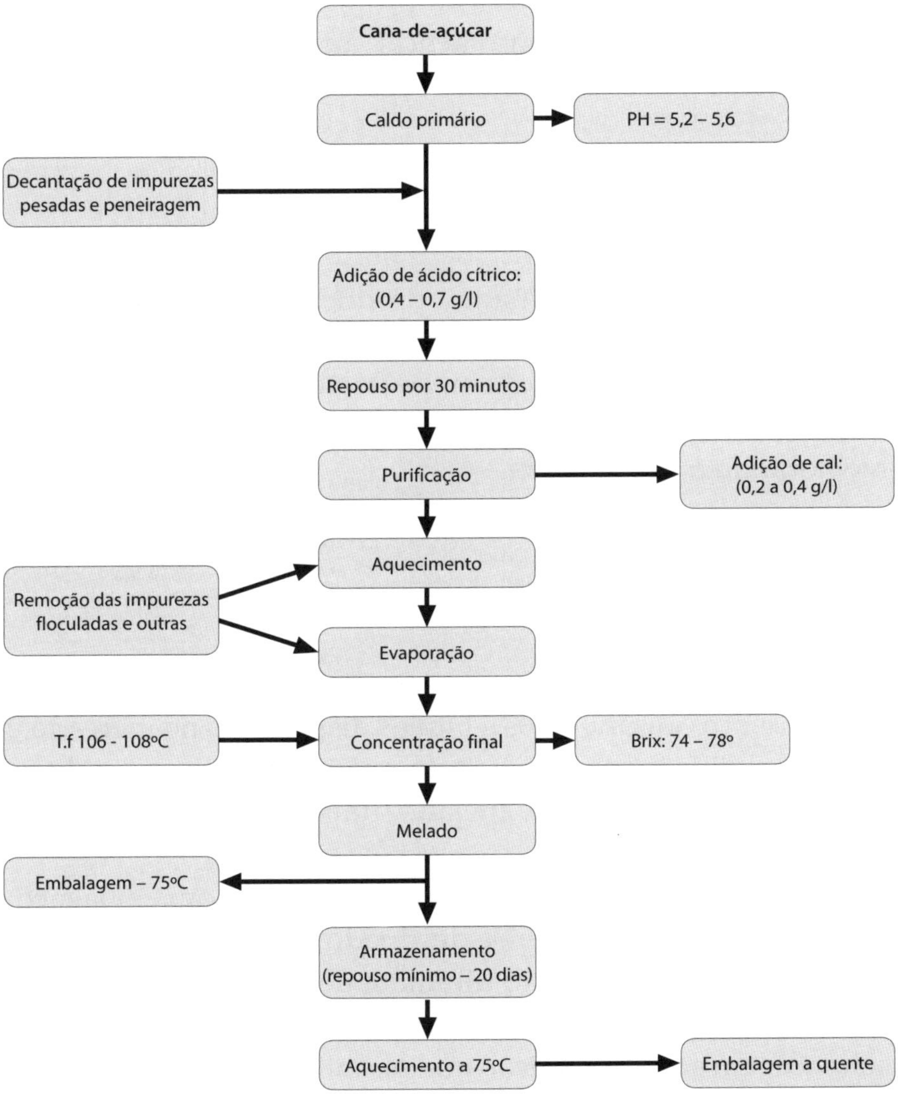

12.2 PROCESSAMENTO PRÁTICO

As operações envolvidas na produção do melado são as mesmas empregadas para o açúcar mascavo e rapadura. As fases básicas do processo são as seguintes:

12.2.1 Colheita da matéria-prima

A matéria-prima destinada à produção de melado deve ser recém-colhida, madura, cortada e despalhada à mão e armazenada no galpão de moagem, protegida do sol e de chuvas eventuais. Uma lavagem com água dos colmos pode ser feita, melhorando a sua limpeza.

12.2.2 Extração do caldo

Para a extração do caldo, um terno de moenda pode ser utilizado, dentro dos modelos e bitolas disponíveis no mercado e das possibilidades financeiras do produtor. Para se produzir pequenas quantidades de melado, uma moenda de pequeno porte é suficiente.

Da moagem da cana vão resultar: caldo de cana e bagaço. O caldo, após a peneiragem é destinado a um tanque ou depósito especial ou conduzido diretamente para o tacho concentrador. O bagaço é colocado num dos lados da moenda para a sua secagem ao sol, condição que permite seu uso na fornalha, como combustível.

12.2.3 Tratamento do caldo com ácido

As experiências levadas a efeito no Departamento de Ciência e Tecnologia Agroindustrial da Escola Superior de Agricultura "Luiz de Queiroz", pelo Professor Marco A. A. Cesar, mostram que a adição de 0,75 g de ácido cítrico por litro de caldo produz inversão de parte da sacarose presente, evitando-se uma futura cristalização. Para a aplicação deste critério de trabalho, recomenda-se aquecer o caldo à aproximadamente 70°C, tratá-lo com ácido e deixá-lo em repouso por 30 a 45 minutos, após o que seguem as operações do aquecimento definitivo, purificação e concentração final.

12.2.4 Purificação do caldo

O caldo, após tratado com ácidos, é continuamente aquecido, aparecendo nas superfícies muitas impurezas leves e grosseiras, além de proteínas coaguladas. Essas impurezas deverão ser retiradas através de uma escumadeira antes que ocorra a fervura total do caldo.

Com o decorrer da evaporação vão aparecer muitas natas de impurezas, as quais devem ser removidas. Caso se use um pouco de cal para melhorar a purificação do caldo, o cálcio deste reagente vai combinar com os fosfatos, dando compostos floculentos e que são removidos no processo, com o uso de escumadeira. A quantidade de cal recomendada varia de 0,25 a 0,5 g por litro (125 a 250 g / tonelada de cana).

A limpeza das impurezas do caldo é muito importante, pois, caso isso não ocorra, pode se produzir um melado escuro e que dará origem a depósitos no fundo das garrafas usadas na embalagem.

12.2.5 Evaporação e concentração final

O caldo em aquecimento vai se concentrando rapidamente até atingir o ponto desejado.

Os tachos usados na produção do melado são preferencialmente de ferro ou cobre. São aquecidos em fornalhas de tijolos, providas de chaminé. É importante ressaltar que o melado tem sido uma alternativa dos produtores de rapadura. Entre os vários períodos de produção da rapadura se produz o melado para atender pedidos especiais de consumidores. As fornalhas são aquecidas à lenha. Cuidados especiais devem ser tomados para não se ter aquecimentos localizados, o que pode prejudicar a qualidade final do produto.

O uso de tachos de ferro, cobre e aço inoxidável, providos de duplo fundo, permite o aquecimento a vapor, produzido por uma caldeira. Como a fase final de concentração do melado ocorre num ponto anterior ao referido na produção do açúcar mascavo e da rapadura, alguns cuidados devem ser tomados para a sua verificação.

É comum verificar o aspecto uniforme do xarope e concentração pela quantidade de bolhas formadas. Quando estas são numerosas e pequenas se diz que o xarope está no ponto de "meladinho". Quando estas bolhas tornam-se maiores é que se tem o ponto do melado. Com uma escumadeira fazer com que o melado escorra para o tacho. Quando este escorrimento é mais lento e viscoso pode se concluir que o xarope está no ponto de melado. Outro critério está no uso da temperatura. Esta deve variar de 105 a 108°C (Tabela 5). O refratômetro com escala de 59 a 90° Brix é o que dá a melhor informação sobre a concentração do melado, determinando-lhe o ponto final de sua obtenção. Entretanto, trata-se de um aparelho caro e fora do alcance para o pequeno produtor. Entretanto, com experiência e boa prática, o produtor rural deve elaborar um melado com pouca alteração de Brix para a sua comercialização.

12.2.6 Acondicionamento final do melado

O melado, após produzido, deve ser colocado em depósitos limpos e fechados, de preferência de forma cilíndrica para se permitir a decantação de suas impurezas.

Após alguns dias de descanso, o melado é retirado do depósito até pouco acima do fundo e colocado em frascos de vidro (límpido e seco). A recomendação é que o melado deverá ser engarrafado a quente, ou seja, passar por uma posterior pasteurização, o que vai evitar o aparecimento de bolores na sua superfície. Assim, o melado pode ser aquecido de 70 a 80°C e engarrafado a quente, sendo imediatamente o frasco tamponado. Em geral, são usadas garrafas de vidro de 1000 ml e frascos de 500 ml como embalagens.

12.2.7 Avaliação de produção

A quantidade de melado que se pode produzir por uma tonelada de cana varia de 90 a 110 kg, ou seja:

Dados considerados:

a) peso de cana cortada .... 1000 kg
b) volume de caldo extraído .... 500 litros
c) Densidade do caldo (dc) 1,07
d) Brix do caldo (Bc) .... 18°
e) Brix do melado(Bm) .... 76°
f) Densidade do melado (tabela 6) 1,38
e) fator de perdas por limpeza do caldo 0,95

Dados calculados:

a) Peso de melado produzido (Pm)

Pm = Pc / dc x Bc / Bm x 0,95

Logo, por substituição, tem-se:

Pm = 500 / 1,07 x 18 / 76 x 0,95 = 105,14 kg de melado.

Ou, em volume: 105,14 / 1,38 = 76,18 litros de melado

12.2.8 Outros usos do melado

Além da produção do melado para fins alimentícios, alguns produtores estão elaborando o melado de cana-de-açúcar para uso na formação de iscas contendo inseticidas. O cheiro e o gosto produzidos nessas iscas pelo melado atraem moscas e outros insetos que geralmente atacam frutas, danificando-as.

Assim, esta nova aplicação do melado abre boas perspectivas como mais uma opção comercial para os pequenos produtores de cana-de-açúcar.

12.3. EFEITO DA TEMPERATURA E DO AZINHAVRE

A temperatura de aquecimento na produção do melado terá pouco efeito na qualidade, pois o mesmo é retirado do tacho quando se atinge de 106 a 108°C.

Todavia, em relação à produção da rapadura e do açúcar mascavo, o efeito da alta temperatura é visível. Acima de 127°C, a sacarose começa e se caramelizar, escurecendo-se os produtos e esta reação é mais intensa em tacho de ferro, pois, como já se comentou, o ferro combina com as substâncias polifenólicas da cana dando produtos escuros. Os tachos de cobre e de aço inoxidável dão produtos mais claros, pois não permitem tais reações, pela ausência do ferro.

O azinhavre é considerado um composto nocivo à saúde, podendo causar cólicas intestinais e paralisia, se estiver em doses significativas no produto elaborado. Além disso, caso não seja removido do tacho de cobre, pode deixar, por exemplo, o açúcar mascavo com cor acinzentada, descaracterizando-o comercialmente; o mesmo acontecendo com a rapadura.

O azinhavre aparece nas superfícies dos tachos de cobre através de reações de oxidação, hidratação e carbonatação, processadas entre o íon cobre com os componentes do ar úmido. O produto formado se traduz por uma fina camada de cor verde que aparece nas superfícies dos tachos e de outros utensílios industriais, fabricados em cobre.

A sua remoção é simples e pode ser feita por lavagem com água e suco de limão ou com uma solução diluída de ácido muriático. A manutenção do tacho com água impede a formação do azinhavre.

Capítulo 13

ESPECIFICAÇÕES TÉCNICAS PARA A RAPADURA E MELADO

DE ACORDO COM o definido pelo Conselho Nacional de Normas e Padrões para Alimentos, a rapadura e o melado devem ser produzidos dentro de determinadas condições de processamento.

Assim, segundo essas normas, esses produtos devem ser fabricados com matérias-primas não fermentadas, isentas de matéria terrosa, parasitas e detritos de animais e vegetais. É vedada a adição de essências, corantes naturais ou artificiais, conservadoras ou edulcorantes. As exigências estabelecidas nestas normas dizem respeito aos seguintes itens:

CARACTERÍSTICAS ORGANOLÉTICAS

	Rapadura	**Melado**
Aspecto	Massa dura	Líquido xaroposo e denso
Cor	Castanha	Amarelo-âmbar
Cheiro	Próprio	Próprio
Sabor	Doce	Doce

Características físicas e químicas

	Rapadura %	Melado %
Açúcares totais (Mínimo)	80	50
Resíduo Mineral Fixo (Máximo)	6	6

Características microbiológicas

A rapadura e o melado devem obedecer aos seguintes padrões:

a) Bactérias do grupo coliforme de origem fecal ....ausência em 1g
b) Salmonelas ....ausência em 25g
c) Bolores e leveduras .... máximo: $5x10^3/g$

Obs. Deverão ser efetuadas determinações de outros microrganismos e de substâncias tóxicas de origem microbiana sempre que se tornar necessária a obtenção de dados adicionais sobre o estado higiênico-sanitário dessa classe de alimento ou quando ocorrerem toxi-infecções alimentares.

Características microscópicas

Ausência de sujidades, parasitas e larvas.

Rotulagem

O rótulo deve trazer a denominação do produto já comentado e o seu nome de fantasia.

O conhecimento dessas normas é importante para o produtor de rapadura, tanto com vista ao mercado interno como externo.

A informação da composição do produto comercializado tem sido uma das exigências de muitos compradores. Esses dados básicos devem estar impressos no rótulo.

A análise bromatológica da rapadura e mesmo de outros alimentos deve ser realizada nos laboratórios credenciados pelo Ministério da Saúde. Normalmente, esses exames compreendem: análise tecnológica, microscópica e microbiológica.

A divulgação desses dados tem por finalidade orientar os produtores de rapadura, de açúcar mascavo e de melado com vistas aos cuidados que devem ser tomados por ocasião da fabricação.

Outras condições

Além dessas condições analíticas, tem sido exigido pelas empresas compradoras de rapadura e de açúcar mascavo o registro no Ministério da Saúde. Para este registro o produtor deve projetar e dotar a sua fábrica de todas as condições que garantam a máxima assepsia em todas as fases operacionais.

É importante que as dependências de manipulação, onde ocorre o cozimento, o resfriamento da massa de açúcar, a formatação, a embalagem e o armazenamento do produto, sejam fechadas e teladas. As paredes das dependências devem ser azulejadas ou pintadas com tinta tipo epóxi. O piso deve ser do tipo cerâmico ou cimentado-liso. Isso permite uma melhor condição para a limpeza. O produtor deve procurar as autoridades sanitárias do município ou da região para tomar conhecimento das condições necessárias para obtenção do registro.

De posse da abertura da empresa, devidamente documentada e de seu registro no Ministério da Saúde e dos certificados de análise, a comercialização dos produtos elaborados torna-se liberada e viável, tanto para o mercado interno como para o externo.

Em relação à comercialização do açúcar mascavo, tipo cristalizado, a exigência da Comissão Nacional de Normas e Padrões de Alimentos é que o mesmo tenha uma polarização mínima de 90°. Nas condições formalizadas pela comissão não se faz referência sobre o açúcar mascavo amorfo ou açúcar batido. Demonstramos anteriormente que o valor obtido pela soma do teor de sacarose com os teores de glucose e frutose, para o açúcar mascavo amorfo é maior do que 90%.

Capítulo 14

PRODUÇÃO TÉCNICA DA CACHAÇA

14. DADOS TÉCNICOS

PARA QUE OS interessados na produção de aguardente de cana tenham mais conhecimento sobre este produto, os autores mencionam alguns dados técnicos que devem ser observados em sua elaboração.

- Grau alcoólico, em graus gay-lussac, a 15° C de:...........38 a 54° gl.
- Ácidos voláteis, por 100 ml de álcool a 100%.........máximo de 0,1.
- Aldeídos, por 100ml de álcool ....máximo de 0,20.
- Esteres em g/acetato de etila/100 ml a 100% ....máximo de 0,1.
- Furfural, em g/ 100 ml de álcool a 100% ....máximo de 0,004.
- Álcoois superiores, álcool isobitílico/100 ml .....máximo de 0,180.
- Componentes secundários, em g/100 ml .... de 0,2 a 0,5.

Do ponto de vista comercial, no geral, a aguardente ou cachaça é encontrada como uma bebida pura produzida a partir do caldo de cana e conhecida também por cachaça, tendo sido merecedora de divulgação técnica, em 2018, por Almeida e Dias. Também pode ser comercializada também como bebida adoçada, contendo de 1 a 3% de açúcar, como produto originado de frutas ou vegetais.

14.1 AGUARDENTE BI-DESTILADA

Esta é um tipo de aguardente originada de uma segunda destilação do produto obtido na primeira operação.

Esta técnica de trabalho foi desenvolvida no Departamento de Tecnologia Rural da ESALQ pelo Prof° Fernando Valadares Novais, considerado o pioneiro na elaboração deste destilado entre nós professores do Departamento, quiçá do Estado de São Paulo e do Brasil. Do trabalho deste Professor, de seus estagiários e orientadores, várias outras pesquisas foram desenvolvidas, inclusive, também por outros centros de ensino e pesquisa no país.

No ano de 2000, Novaes, orientou o trabalho da dupla destilação, visando estudar os teores de acidez total do cobre, executada por Bizelli e Ribeiro, participantes do curso de Pós-Graduação do Departamento de Agroindústria de Alimentos e Nutrição da ESALQ/USP.

Neste trabalho, observou-se a redução pela dupla destilação dos teores de cobre e acidez acética. Pela bi-destilação, a cachaça obtida como 1° destilado, apresenta uma graduação alcoólica variável de 25 a 30° gl. Este destilado pode, assim, retornar ao alambique, receber um pouco de água e passar por uma nova destilação até que se obtenha um produto com graduação de 45 a 48° gl, que será encaminhado a um reservatório de plástico ou de ácido inoxidável e, depois para um tonel de madeira para descanso e seu envelhecimento.

Esta produção ou técnica operacional deve ser cuidadosa e observada com vistas a se obter um melhor bi-destilado que, certamente, será aceito pelos apreciadores brasileiros e estrangeiros, cada vez mais exigentes.

14.2 TONÉIS DE ARMAZENAGEM DA CACHAÇA

Em termos da produção de aguardente em grandes quantidades, obtidas pelas destilarias de maiores capacidades produtivas, este produto tem sido encaminhado para armazenagens em grandes tonéis de madeira de 10.000 a 50.000 litros ou mais.

Todavia, no caso de pequenas unidades, onde se predomina a destilação em pequenos alambiques de cobre e mesmo de aço inoxidável, a cachaça obtida tem sido armazenada em tonéis de madeira de 1.000 a 5.000 litros ou mesmo em tonéis de aço inoxidável ou pequenos tonéis de carvalho ou de madeiras nacionais de 150 a 200 litros.

Dado a importância da cachaça nas décadas de 1960/70, a construção de 24 tonéis de madeiras nacionais foi realizada em 1967 pelo Professor Delgado com a finalidade de avaliar a qualidade da aguardente neles armazenada, iniciativa esta sugerida pelo então Professor Otavio Valsechi, chefe do Departamento de Tecnologia Rural da ESALQ. As madeiras selecionadas foram adquiridas em serrarias da região de Piracicaba, Rio Claro e cidades vizinhas e trazidas para uma marcenaria de nossa cidade que realizou a construção dos tonéis projetados. Vinte e quatro tonéis foram construídos na forma cônica com 1,20 m de altura e cintados com chapa de ferro de aproximadamente 6 cm de largura. As madeiras selecionadas foram as seguintes: Ipê, Jequitibá, Araruva, Pereira, Cabreúva e Amendoim, apesar da existência de outras madeiras como Cedro, Canela, Pinho, Emburana e outras que não foram selecionadas.

Durante os primeiros anos de envelhecimento da aguardente, este autor, Professor Afrânio Antônio Delgado e os bolsistas Tadeu Alcides Marques e Célio Luiz F. de Almeida realizaram uma avaliação das aguardentes nesses tonéis, trabalho esse publicado na revista Álcool e Açúcar, nº 83 (Janeiro e Fevereiro) de 1996.

As conclusões preliminares, nos ensaios realizados com a colaboração desses bolsistas na época, foram as seguintes:

Os tonéis construídos com as madeiras conhecidas como Amendoim, Araruva, Ipê Roxo, Cabreúva, e Pereira mostraram condições para uso no armazenamento e envelhecimento da aguardente, apresentando boas condições em relação à cor, cheiro e sabor. É importante citar que esses tonéis foram previamente tratados e preparados para receber as amostras de aguardente, produzidas na destilaria do departamento, conforme descrição a seguir.

14.3 PREPARO E TRATAMENTO DOS TONÉIS

Esses tonéis, figura 29, receberam um tratamento preliminar com vapor d'água com baixa pressão, 2 a 3 kg/m^2 durante 5 a 10 minutos, tempo este considerado suficiente para a remoção de substâncias pigmentadas aderentes na madeira como muciladas, fragmentos, serragens etc. Os tonéis que foram construídos por Araruva, Cabreúva e Ipê foram as que mais extratos solúveis apresentaram.

Para se conhecer melhor as madeiras utilizadas na construção dessas, o Professor Delgado encaminhou ao Departamento de Silvicultura da ESALQ, para uma análise mais detalhada que foi realizada pelo Engenheiro Agrônomo Luiz Ernesto G. Barrichelo, na época, 1968, Instrutor da Cadeira nº 22-Silvicultura da ESALQ "Luiz de Queiroz", USP. As análises foram realizadas em relação à solubilidade em água fria e água quente, a solubilidade em álcool a 96° gl e em aguardente. Os resultados foram pertinentes à tabela que se segue:

MADEIRAS	SOLUBILIDADE EM % (*)			
	Água Fria	Água Quente	Álcool	Aguardente
Araruva	6,9	10,7	20,0	21,0
Ipê	4,3	9,1	18,4	15,0
Pereira	3,6	6,3	11,0	10,2
Amendoim	3,8	6,2	9,9	9,0
Cabreúva	3,2	6,0	10,8	9,8
Jequitibá	1,4	2,2	2,8	2,6

Como se pode concluir destas análises, as madeiras examinadas mostraram que a referente ao Jequitibá, por se tratar de ser mais claro transfere à cachaça armazenada pouco pigmento, seguidas do Amendoim e Cabreúva (mais dura). É de se esperar que, com os tratamentos recomendados pelos autores, usando-se água quente e vapor, conforme pode ser visto na figura 30, essas madeiras estarão aptas para a guarda das aguardentes produzidas, tal como acontece nos dias de hoje na Adega da ESALQ, figura 29.

Para efeito de estudos, esses tonéis receberam amostras de aguardente e mantidas por algum período para limpeza total das pigmentações. Como se trata de tonéis novos, as aguardentes se mostraram mais coloridas, principalmente, as dos tonéis de Araruva, de Ipê, de Cabreúva e Pereira. Os tonéis de Jequitibá e de Amendoim como se tratam de madeiras mais claras, não mostraram uma cachaça colorida sendo, preliminarmente, mais indicados. As outras madeiras exigem mais tratamentos. Como conclusão e recomendação aos produtores de aguardente ou cachaça, o uso de madeiras claras como Jequitibá, Amendoim são, portanto, mais indicadas para construção de tonéis, já que não são muito pigmentadas, da forma como foi demonstrado no trabalho realizado pelos autores (Delgado, Marques e Almeida, 1996).

Figura 29. Tonéis das madeiras nacionais estudadas na Adega do Departamento Agroindústria e Nutrição (LAN)

De 1976 até a presente data, 2019, os tonéis construídos na época do então Departamento de Tecnologia Rural, ESALQ, pelo autor, Professor Afrânio A. Delgado, têm sido usados na destilaria, apesar de que alguns foram descartados por soltura das cintas de proteção de ferro ou danificados.

14.4 TRATAMENTO DOS TONÉIS COM VAPOR

Para que melhor se promova estas armazenagens e descanso de uma aguardente recém-destilada, em tonéis novos que podem ser feitos com as madeiras de Amendoim, Jequitibá, Ipê Roxo ou outra é importante submeter estes tonéis a um tratamento preliminar com vapor ou água quente por um tempo de 15 a 30 minutos, conforme mostra a figura 30. Nos primeiros enchimentos dos tonéis, na ESALQ pelos autores com a cachaça, após 3 a 4 meses, a mesma foi novamente destilada, pois se apresentava muito colorida. Daí, a importância de se escolher madeiras claras que são menos pigmentadas, o que permite ao produtor oferecer ao consumidor um produto de boa qualidade. Alguns produtores que usam tonéis de inox, colocam neles alguns pedaços de madeira como ipê, angico, canela etc, para dar cor na cachaça armazenada, prática esta enganosa e não recomendada, pois não se terá o mesmo gosto de uma aguardente mantida em tonéis por mais tempo.

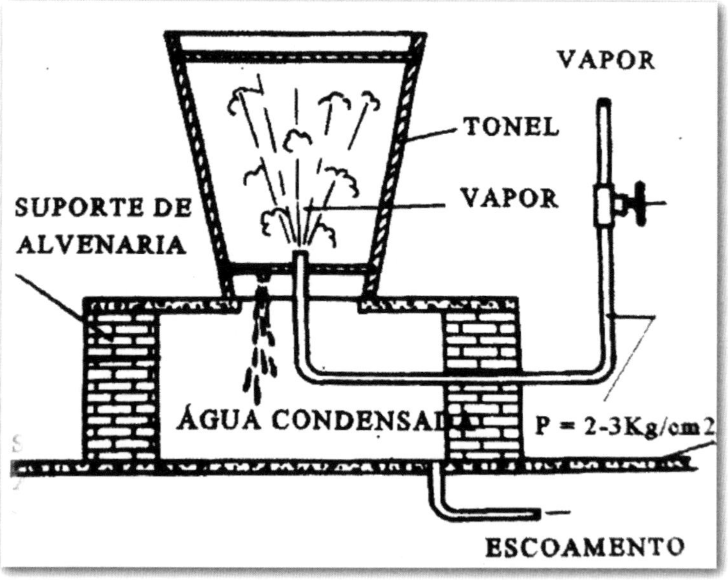

Figura 30. Tratamento dos tonéis com vapor.

O desenho da figura 30 mostra como pode ser feito o tratamento preliminar com tonéis recém-construídos de madeira.

14.5 COLHEITA DE MATÉRIA-PRIMA

Em se tratando de uma mini-destilaria com uma moagem de aproximadamente 5 toneladas, por exemplo, a colheita deve ser feita por duas ou três pessoas, que será realizada após estar todas as instalações e equipamentos devidamente preparados. Após uma análise preliminar das canas, esta colheita deve ser feita manualmente. Uma análise do Brix, usando um refratômetro deve ser feita preliminarmente e a colheita deve ser iniciada sempre que este Brix acusar um valor superior a 18°, índice este que ocorre a partir dos meses de abril, maio e junho do ano em curso. Em se tratando de instalações maiores, essas análises são indispensáveis já que podem contar com um laboratório mais apropriado aos controles técnicos das operações da unidade fabril.

As folhas das canas são mantidas no solo e, após secas, devem ser incorporadas, servindo como adubo. Os ponteiros de canas, em se tratando de pequenas unidades, podem ser enfeixadas e colocadas em carretas tracionadas por trator ou por animais, sendo levadas para a fábrica para queima na caldeira.

14.6 PESAGEM DA MATÉRIA-PRIMA

A matéria-prima, conduzida à fábrica, deve ser pesada em balanças de 500/1000 kg ou em unidades maiores de produção, usando-se balanças de maiores capacidades.

A pesagem das canas em moagem atende aos seguintes objetivos:

a) Controle agrícola.
b) Controle das operações de colheita, corte, carregamento, descarregamento e transporte.
c) Controle para pagamento da matéria-prima.
d) Controle de rendimentos e das operações da indústria.

14.7 LAVAGEM OU LIMPEZA DA MATÉRIA-PRIMA

Embora, em termos de pequenas unidades em que a cana é cortada manualmente praticamente sem contato com o solo, caso se queira melhorar a sua qualidade e facilitar as operações futuras, uma limpeza com água pode ser feita, melhorando a qualidade do caldo a ser processado. É sempre muito importante zelar pela qualidade da matéria-prima.

14.8 DESCARGA

As canas transportadas por carretas podem ser conduzidas diretamente à moenda de forma manual, soltas ou em feixes ou mesmo armazenadas no galpão próximo à moenda, sendo protegidas da chuva ou do sol.

14.9 PREPARO DA MATÉRIA-PRIMA

A moagem de canas inteiras nem sempre permite obter bons resultados. Pelo uso de frisos menores, a extração é baixa e, em muitos casos, essas canas são retornadas de forma torcidas para uma nova moagem. Pelo uso de moendas maiores, 14x20 e com frisos também maiores, 3/8 a ½", a extração é maior. O bagaço fica, assim, pela moagem, mais estraçalhado.

Assim, o proprietário do sítio ou fazenda deve usar de moendas maiores, como 14x20", ou um pouco maior. Alguns produtores de equipamentos instalam um pequeno jogo de facas para cortar as canas e assim facilitar a moagem. Tudo é em função da grandeza do empreendimento.

Como exemplo, pode-se instalar:

a) Moendas de 8x10" ou 10x14" para moagem de 450 kg/hora.
b) Moendas 12x16" para 600 kg/hora.
c) Moendas 14x24", 15x30" ou maiores.

Obs: O sitiante deve sempre avaliar a sua disponibilidade financeira e potencial agrícola e consultar sempre as oficinas e escritórios técnicos que trabalham na área sucroalcooleira, a fim de se obter um melhor desempenho dos equipamentos projetados, como os da BRS Indústria e Comércio de Guaxupé-MG.

14.10 PENEIRAGENS E DECANTAÇÃO DAS IMPUREZAS

O caldo, após extraído, passará por uma peneira de malha fina, furos de 1,0 a 1,5 mm de diâmetro, seguindo, daí por gravidade para um tanque. Num projeto industrial maior este caldo segue através de bomba centrífuga para um tanque, tipo num decantador de 1000 a 2000 ml, capacidade essa suficiente para reter o caldo por 20 a 30 minutos. Tudo deve ser calculado em função da grandeza da fábrica.

14.11 PENEIRAGENS E DECANTAÇÃO DAS IMPUREZAS

O caldo, após extraído, passa por uma peneira fina com furos de 1,00 a 1,5 mm de diâmetro e conduzido a um decantador com capacidade para reter o caldo por um tempo de 15 a 20 minutos, conforme já descrito acima.

Neste tanque, são separados o bagacilho leve e areia ou terra que se sedimentam. O caldo flui límpido deste tanque para as dornas de fermentação ou para os tachos em caso de produção também de açúcar mascavo ou rapadura.

No caso do caldo ser enviado às dornas de fermentação, o ajuste do Brix deve ser feito no índice estipulado para atender ao controle dessa operação (8 a 14° Brix).

As impurezas leves e pesadas devem ser reunidas e descartadas e poderão ser enviadas à lavoura, após dormência, servindo como adubo.

14.12 FERMENTAÇÃO DO MOSTO

A fermentação do caldo, obtido das operações de preparo e moagem da cana, é o processo em que os açúcares nele contidos são transformados pela ação das leveduras em álcool e anidrido carbônico.

Em termos de se ter pequenas indústrias, com poucas moagens de cana, o Brix mais usual para a fermentação deve variar de 12 a 16 °, embora pela extração pelas moendas deve mostrar valores, variando de 16 a 21° Brix, razão pela qual, o "produtor da cachaça",procede a uma diluição com água, trazendo-se este índice para 10 a 14° ou um pouco mais. A quantidade de água necessária à diluição do caldo pode ser conhecida pelo seguinte procedimento, como exemplo:

a) Dados considerados:

- Brix do caldo extraído .... 18°.
- Brix do misto.. 15°.
- Peso de caldo (exemplo) ....2.750 Kg ou aproximados.

b) Dados calculados:

Pela quantidade do período do Brix no caldo inicial e no diluído, pode-se calcular o peso de caldo diluído e, por diferença, a quantidade de água, ou seja:

- Peso do caldo diluído.
- 2.750 de caldo puro a 18° Brix= 15° Brix.
- Peso de caldo diluído a 15° Brix 2750x18/15x= 3.300 Kg ou litros.
- Peso de Água= 3.300 - 2.750 = 550 kg ou litros.

Obs.: A água a ser adicionada deverá ser de boa qualidade, podendo ser feita aos poucos, seguindo de medições periódicas do Brix. As dornas são equipadas com serpentinas para a condução de vapor, caso seja necessário.

14.13 VOLUME DE DORNAS DE FERMENTAÇÃO

Segue o volume de dornas de fermentação:

a) Acréscimo de 20% no volume devido à formação de espuma.
b) Acréscimo de 20% devido ao volume apurado pelo fermento.
c) Acréscimo de 10%, considerado como margem de segurança.

Neste exemplo, adicionando-se 1.650 litros ao volume de caldo de 3.300 litros, o volume total de dornas deve chegar a 4.950 litros, que dividido por 4 unidades, resultará em volume individual de cada dorna de aproximadamente 1.240 litros.

Pelo uso de chapa, em aço carbono, de 3 metros de altura por 1,5 m de largura, o volume do corpo será de 1.063 litros que será acrescido no cone inferior de aproximadamente 100 litros. O volume de cada dorna será de 1.150 litros, menor do que a calculada acima (1.240 litros).

Optando-se por um projeto econômico pode ser usado dornas de 500 a 1.000 litros, podendo ser de plástico ou mesmo de inox que são evidentemente mais caros, conforme figura 31 que se segue:

Figura 31: Dornas de fermentação adaptadas de caixas d'água.

No engenho dos autores as dornas são de plástico variando de 300 a 500 litros cada.

14.14 PREPARO DO FERMENTO

De modo geral, os pequenos engenhos têm usado o fermento prensado ou fermentado de panificação (tipo Fleichmann) na base de 20g/l de mosto de aproximadamente 10° Brix. O uso do fermento, tipo caipira, poderá ser também uma opção na fábrica.

14.15 DURAÇÃO DA FERMENTAÇÃO

A fermentação do caldo de cana, diluído a 10-12° Brix, tem uma duração variável de 12 a 24 horas, podendo-se variar em função de vários fatores:

- alteração de temperatura (20 a 30° C);
- concentração do Brix do mosto que deve ser acima de 15°;
- variação na quantidade de fermento que deve ser usada nas especificações técnicas dadas e ser motivo de experimentação do usuário do engenho.

14.16 DESTILAÇÃO

Conforme se tem estudado através dos tempos, a destilação dos vinhos fermentados pelas usinas e destilarias de álcool tem sido referenciada há muitos anos. No Brasil, há muitas referências sobre esta prática envolvendo a atuação das destilarias de álcool e usinas de açúcar. Em termo de destilarias de aguardentes, pela prática da destilação dos vinhos fermentados, seja de caldo de cana, seja de melado ou de outras matérias, têm sido muitas as divulgações e estudos, estas devidas a estudiosos de tecnologia alcooleira no Brasil e no mundo, como de Valsechi (1960), Almeida Lima (1999), Novais Oliveira (1971) e Stupiello, Horii (ESALQ) e outros.

Pela destilação dos vinhos, se tem a separação do álcool e outros componentes voláteis.

Em termos de destilação simples, realizada em alambiques, tem a ocorrência de 3 fases importantes. Na primeira se realiza separação dos álcoois, considerado de cabeça, conhecidos como aldeídos e podem ser retornados em nova destilação. A segunda fase, conhecida como corpo, é constituída por álcoois de coração. É o álcool bom (38/40°gl) e que deve ser separado, até que se inicie a 3ª fase, conhecida por calda (30/35°gl), onde se tem álcoois de alto ponto de ebulição. Assim, tem-se na destilação 3 fases: a 1ª constituída por álcoois de cabeça (ruim); a 2ª álcoois de coração (álcool bom) e a 3ª fase conhecida por calda, que normalmente é retornada ao depósito aonde fica o vinho para nova destilação.

A figura 32 mostra uma foto de um alambique simples, construído em cobre, funcionando na fazenda dos autores em Ponte Alta-TO. Além deste tipo de destilação, o produtor de aguardente pode lançar mão de um aparelho mais sofisticado conhecido por caldeiras múltiplas, constituído de aquecedor de vinho, caldeira de destilação, caldeira de esgotamento. Este aparelho é conhecido também por "três corpos". E, por último, pode o produtor em condição de se querer grande produção usar de colunas de destilação. Estas opções de destilação são produzidas por oficinas e empresas especializadas na produção de equipamentos, montagens e de acessórios diversos, existentes em várias regiões do Brasil, como as de Piracicaba-SP, Sertãozinho-SP, Guaxupé-MG, Campos-RJ e Estado do Paraná.

Figura 32: Destilador de cobre simples

14.17 CENTROS DE CONSUMO

A distribuição e comercialização da cachaça e, mesmo dos outros produtos, como açúcar mascavo, rapadura e melado, caso sejam produzidos, podem ser feitas no local da produção ou através de representantes comerciais na região, nos municípios vizinhos e outras cidade de grande potencial consumidor.

Esta distribuição está dependendo da forma planejada para a comercialização, podendo, no caso da cachaça ser comercializada engarrafada, em garrafões no local da produção ou em depósitos instalados nos municípios vizinhos. A alta qualidade da cachaça produzida por pequenos produtores, caso dos de Minas Gerais, tem constituído em um bom atrativo para os possíveis consumidores, apreciadores da bebida produzida.

De qualquer forma, a fabricação da cachaça, assim como

de cana-de-açúcar, da rapadura e do melado deve observar as exigências dos Estados em que poderá ser produzida, das prefeituras dos municípios, das secretarias da Indústria e Comércio e do Meio Ambiente dos Estados e da União. É indispensável cadastrar o engenho ou a destilaria nas Prefeituras dos municípios de atuação e, principalmente, nos órgãos de controle ambiental, que tem por função verificar se as instalações estão construídas adequadamente em relação à higiene, existência de banheiros e revestimentos que proporcionem a manutenção dos produtos elaborados.

14.18 PROGRAMA DA PRODUÇÃO INDUSTRIAL

A produção da cachaça, oriunda da cana de açúcar, geralmente tem sido iniciativa de algumas propriedades localizadas próximas de grandes centros consumidores, não distantes das capitais dos Estados brasileiros, caso do Estado de São Paulo, Rio de Janeiro, Belo Horizonte, Curitiba, Florianópolis, Salvador e capitais dos Estados do centro-oeste e nordeste de nosso Brasil.

Os agricultores de grandes fazendas, que hoje se dedicam ao plantio de soja, milho, algodão e outros cereais, têm escolhido algumas áreas para pequenos plantios de café, melancia, feijão, amendoim, abóboras etc, não tendo interesse, assim, na instalação de engenhos para produzir cachaça, rapadura e outros produtos, mas é possível encontrar algumas instalações para a produção de aguardente nessas regiões.

Para a execução desses projetos de produção da cachaça, inseridos neste livro, complementando os assuntos de açúcar mascavo, rapadura e melado, há necessidade de se rever a disponibilidade das áreas agricultáveis, de água e energia para a instalação da destilaria como um novo empreendimento ou complementando as instalações em funcionamento de produção de rapadura, açúcar mascavo e melado, caso dos autores deste livro.

A concentração da cachaça final mais usual tem variado de 40 a 48°, de álcool em volume, a 20°C, embora, muitos produtos que são engarrafados e comercializados têm mostrado uma concentração em torno de 39° gl. Em algumas cidades são fabricados pequenos tonéis de madeira (de 10 a 25 l) que são impermeabilizados com verniz acético como os da Amparo Agrícola, da cidade de mesmo nome em São Paulo. Esta impermeabilização dificulta a evaporação da cachaça armazenada.

Assim, um processamento de 5 toneladas de cana, que pode resultar na produção de 3.250 litros de caldo pela fermentação poderá permitir a obtenção de uma quantidade de vinho nesse valor. Para um vinho, grau alcoólico de 7%, volume de álcool a 100% será de 3.250x7/100=227 litros de álcool. Para um destilado a 47% este volume de álcool chegará a 484 litros de álcool ou 96,8 litros/com cana.

A figura 33, mostra o prédio do engenho dos autores instalado em Ponte de Alta, Estado de Tocantins.

Figura 33. Prédio de produção de açúcar mascavo, rapadura, melado e cachaça

No prédio da figura 33, estão instaladas uma moenda (figura 34) e uma caldeira (figura 35).

Figura 34. Moenda

Figura 35. Caldeira - Guaxupé-MG

14.20 CONSTRUÇÃO DE UM ENGENHO DE AÇÚCAR E CACHAÇA

Para que melhor se visualize uma planta para produzir açúcar mascavo, rapadura, melado e também cachaça, o desenho (figura 36) dá uma ideia de localização das instalações pertinentes.

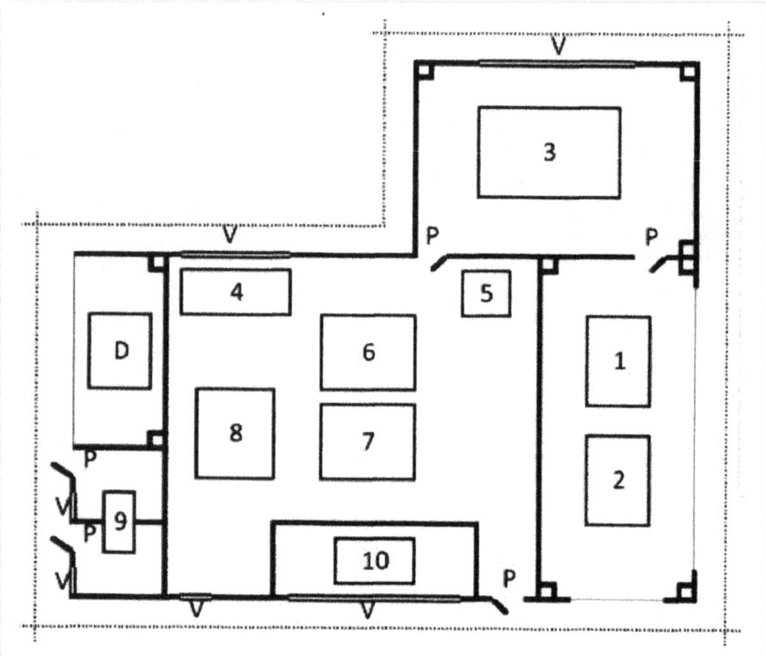

Figura 36. Planta de Produção de Açúcar Mascavo, Rapadura, Melado e Cachaça

1)	Moenda	8)	Destilação do vinho
2)	Depósito de cana	9)	Sanitários
3)	Caldeira	10)	Engarrafamento
4)	Dornas de fermentação	P	Portas
5)	Aquecimento de caldo (Ac/Ra)	V	Vitrô
6)	Concentração de caldo (Ac/Ra)	D	Despejos/oficina
7)	Bateção do xarope (Ac/Ra)		

Capítulo 15

DEFINIÇÕES TECNOLÓGICAS

1 **Açúcar**: produto sólido orgânico, constituído basicamente de cristais de sacarose, podendo ou não aparecer envolvidos por uma película de mel.

2 **Açúcar Cristal Branco**: é o açúcar obtido nas usinas açucareiras e que apresenta a pol variando de 99,3 a 99,9°, podendo ser produzido em diversos padrões de qualidade e granulometria.

3 **Açúcar Demerara**: é o açúcar obtido nas usinas açucareiras sem o uso do enxofre, e que apresenta uma polarização mínima de 96° e uma umidade máxima de 1%. É o açúcar destinados às refinarias. A cor do açúcar demerara é geralmente marrom. Algumas usinas brasileiras estão fazendo atualmente para exportação um açúcar cristal branco de alta polarização, conhecido pela sigla de V.H.P (Very High Polarization). Polarização: 99%.

4 **Açúcar Mascavo**: é o açúcar tipo granulado de cor marrom obtido pela purificação, evaporação e concentração diretamente do caldo de cana a uma temperatura variável de 122° a 126°C. Pode ser entendido como sendo uma rapadura moída ou triturada, diferenciando-se desta,

entretanto, por apresentar uma umidade máxima de 1,5%, após passar por um secador dotado de ar quente.

5 **Açúcar Mascavo Cristalizado**: é o açúcar tipo cristal, de cor marrom, com polarização variável de 96 a 97%, obtido por cristalização do xarope de cana altamente concentrado em condições naturais e centrifugado.

6 **Açúcares Redutores**: são os açúcares, constituídos principalmente de glicose e frutose, que têm a propriedade de reduzir o cobre dos licores cúprico-alcalinos.

7 **Bagaço**: é o resíduo que se obtém pela moagem da cana-de-açúcar, em uma ou mais moendas.

8 **Brix**: é a porcentagem, em peso, de sólidos existentes numa solução de sacarose pura. No geral, entretanto, o Brix representa os sólidos solúveis aparentes existentes numa solução açucarada. O Brix pode ser determinado com o uso de um areômetro (densímetro Brix) ou pelo uso do refratômetro.

9 **Caldo Absoluto**: é a quantidade de caldo contido na cana, calculado como cana menos fibra.

10 **Caldo de cana de primeira expressão, da primeira moenda ou caldo primário**: é o caldo obtido sem a adição de água. É o caldo obtido antes de se iniciar a adição de água ou embebição.

11 **Caldo do último terno**: é o caldo obtido na última moenda do tandem ou trem de moagem.

12 **Caldo misto**: é o caldo obtido a partir da segunda moenda misturado com o caldo da primeira moenda ou caldo primário. É o caldo que flui de todas as moendas de forma misturada.

13 **Caldo residual**: é o caldo que fica no bagaço, podendo ser entendido como bagaço menos a fibra.

14 **Cana-de-açúcar**: é uma gramínea pertencente ao gênero Saccharum e cuja espécie mais importante é a *Saccharum Officinarum L.*

15 **Cana-de-açúcar como matéria-prima para os engenhos, usinas de açúcar e destilarias de álcool**: é a cana-de-

-açúcar que chega às usinas, constituída de colmos, terra, folhas secas, gravetos e demais impurezas, resultantes do carregamento mecânico no campo. A cana-de-açúcar como matéria-prima para os pequenos engenhos de rapadura e açúcar mascavo é colhida sem queimar e carregada manualmente, sendo transportada à fábrica sem as mencionadas impurezas.

16 **Cinzas**: constituem o resíduo mineral que sobra da incineração de uma determinada amostra, seja esta cana, caldo, xarope ou açúcar. Pode ser obtida com o uso de mufla elétrica ou por condutimetria elétrica.

17 **Embebição**: é o processo pelo qual se adiciona água ao bagaço em moagem.

18 **Extração de Pol**: é a porcentagem de Pol extraída % de Pol da cana.

19 **Fibra**: é a matéria seca e insolúvel em água que contém a cana-de-açúcar.

20 **Massa cozida**: produto resultante da concentração do xarope, constituído de cristais de sacarose envoltos por mel. É o produto obtido quando se quer elaborar o açúcar cristalizado.

21 **Mel**: é o produto separado dos cristais de sacarose por centrifugação da massa cozida.

22 **Pol da cana-de-açúcar**: porcentagem de sacarose aparente existente na cana-de-açúcar. É o valor de sacarose determinado por polarização de uma solução açucarada de peso normal um sacarímetro.

23 **Pureza**: é a relação entre a porcentagem de pol e do Brix (Pol % Brix). É expressa em porcentagem.

24 **Rapadura**: é o caldo de cana altamente concentrado, resfriado e solidificado em formas de madeira, alumínio, aço inoxidável, bronze ou plástico. As formas mais usuais são as de madeira. Apresenta uma umidade variável de 5 a 10%.

25 **Sacarose**: é um dissacarídeo ou composto químico puro, conhecido como açúcar de cana. Do ponto de vista prático, usa-se indiferentemente sacarose ou Pol.

26 **Tandem**: conjunto de três ou mais moendas, também chamados de trem de moagem ou bateria de moendas.

27 **Umidade**: teor de água contida no produto. Pode ser determinada em estufa comum, regulada a 105° C, ou em estufa de circulação de ar quente, tipo Spencer.

28 **Xarope**: é o produto resultante da evaporação parcial da água do caldo de cana. Apresenta um Brix variável de 60 a 70°.

Capítulo 16

REFERÊNCIAS BIBLIOGRÁFICAS

AGRÁRIA Amparo Agrícola Ltda. *Catálogo e manual de fabricação de açúcar mascavo, rapadura e mel.* Amparo, s.d. 5p.

ALMEIDA, João & Dias, Leandro, 2018 – *Os segredos da Cachaça.* Alaide Editorial Ltda, SP, 159 p.

ANDRADE, M. O de; CAMARGO, R. de: *Tecnologia de Alimentos e Nutrição.* In: CAMARGO R. de. coord. *Tecnologia dos Produtos Agropecuários* – Alimentos. São Paulo: Nobel, 1984. Cap. 2, p. 9-34.

CAIRO. N. *Guia prático do pequeno lavrador.* 7a ed. São Paulo. Ed. Viera Pontes & Cia, 1950. 552p.

CONVENIO DE INVESTIGACION Y DIVULGACION PARA EL MEJORAMENTO DE LA INDUSTRIA PANELERA. *Manual de elaboracion de panela y otros derivados de la caña.* Barbosa: CIMPA; 1991. 206 p.

CECILIATO, L.A. *Informações básicas da fabricação do açúcar mascavo.* Jaboti: Emater, s.d. 3p.

CESAR, M.A.A.; SILVA, F.C. *Pequenas indústrias rurais: melado, rapadura e açúcar mascavo*. Piracicaba: ESALQ/ Departamento de Ciência e Tecnologia Agroindustrial, s.d. 13p.

DELGADO, A.A; CESAR, M.A.A. *Elementos de tecnologia e engenharia do açúcar de cana Sertãozinho*: Zanini, 1977. 1076p. 3v.

DELGADO, A.D, Marques, T.A. J. Almeida, CL de 1996. *Madeiras Nacionais para Envelhecimento Natural de Aguardente Álcool & Açúcar* nº 83 (Jan/Fev).

DUARTE, Cruz C. - *Os Pequenos e Grandes Engenhos*. Livraria Magalhães São Paulo. Brasil 1920, 161p.

HUGOT, E. *Manual da engenharia açucareira*. São Paulo: Mestre Jou, 1969. 1198p.

LIMA, Urgel de Almeida, *Aguardente – Fabricação em pequenas destilarias*, 1999, 187p.

MACEDO, Luiz CH-1993 - *Álcool Etílico da Cachaça ao Cereal*. Editora Cone, 157p.

MARTINS BARROS & CIA. LTDA. Moendas de cana. São Paulo, s.d. 44p.

MEADE, G. P. *Manual del azúcar de caña*. Barcelona: Montaner y Simon, 1967. 940p.

MOREIRA. JR.F.S. *Informações sobre a fabricação de açúcar mascavo do município de Boca do Acre*: Amazonas. Manaus, 1996. 13p.

NOVAES, F.V., Bizelli, L. César e Ribeiro, C.A. França - *Dupla Destilação da Aguardente de Cana: Teores de Acidez Total e de Cobre* - Secretaria Agrícola. V. 57, nº 4, p. 623-627. Outubro/Dezembro 2000.

NOVAES, F.V., Oliveira, E.R. Stupiello, J. Paulo. *Introdução à Tecnologia das Aguardentes*. Departamento de Tecnologia Rural, ESALQ, USP, Piracicaba, SP, Apostila, 1973, 25p.

NOVAES, F.V. - *Tecnologia das Aguardentes Piracicaba*, SP. Departamento de Tecnologia Rural, ESALQ, USP, 1971, 138p.

VALSECHI, O. - *Aguardente de Cana-de-Açúcar*, Piracicaba, SP, Instituto de Genética, Biblioteca ESALQ, 1960, 109p.

USP, Universidade de São Paulo, Brasil - *Tecnologias Desenvolvidas na ESALQ aprimoram qualidade de Aguardente*. 18/02/2009, 4p.

ÍNDICE DE FIGURAS

ELEMENTOS DE TECNOLOGIA E ENGENHARIA DA PRODUÇÃO DO AÇÚCAR, ETANOL E ENERGIA

O livro referenciado *Elementos da tecnologia da produção do açúcar, etanol e energia* (2018), detalha todo o processo de fabricação desenvolvido pelas unsinas de açúcar e de álcool, instaladas em vários Estados brasileiros. Trata-se de uma obra essencial para pesquisadores, técnicos, estudantes e empresários do setor sucroalcooleiro.

AFRÂNIO ANTÔNIO DELGADO
MARCO ANTÔNIO AZEREDO CESAR
FÁBIO CESAR DA SILVA

LUIZ GUILHERME A. L. ANTONELLI
COLABORADOR

---

984 páginas | Colorido e ilustrado | Papel Couchê | Capa dura

Esta edição foi impressa na Gráfica EME,
sendo tiradas mil cópias, todas em formato
fechado 155x225mm e com mancha de
115x170mm. Os textos foram compostos nas
fontes Book Antiqua e Trajan Pro.

Novembro de 2019